今日から
モノ知り
シリーズ

トコトンやさしい

磁力の本

山﨑耕造

磁力は、磁石、電磁石、モータ、コイル、リレーなど、家庭用品から最新技術まで、幅広く活用されている。本書では、その磁力について、電気力との法則上の違いや特性から、産業応用を中心とした活用技術、そして生命や宇宙に関連した近未来技術まで、やさしく紹介する。

B&Tブックス
日刊工業新聞社

はじめに

日常生活で、直接的に「磁力」を身近に見て感じるものとして、磁石のクリップなどの事務用品があります。磁石にも様々な種類がありますが、実は、隠れたところにも磁石はたくさん使われており、わたしたちの生活を支えてくれています。特に、永久磁石や電磁石を組み合わせた電気モータによる磁力の利用が、さまざまな場面でなされています。生活家電の他に、産業部門や医療部門でも、磁力を用いた最新技術が応用されています。人体の内部での超微弱な磁場から、日常的に浴びている地球の磁場、人工的な強磁場、そして、宇宙での超強磁場の発生など、磁力の強さは非常に広範囲にわたっています。

帯電体の電荷や電子と異なり、磁石には単極の磁荷や磁子は存在しません。磁力の起源が量子力学的な取り扱いでのみ理解できることになり、現代になってから明確化されてきました。現在、古典的で歴史的な磁場に関する理解と、量子力学を含めた現代的な解釈とが混在しています。

本書では、磁力の科学の基礎編4章と応用編4章に分けて、わかりやすく説明しました。基礎編として、最初に磁力や磁界の発見とその理解の歴史的発展（第1章　不思議な磁力の発見と謎解き）を述べ、様々な永久磁石と原子スピンの基礎（第2章　使いやすい永久磁石の基礎）と、電磁石の電流コイルと超伝導量子現象の基礎（第3章　制御しやすい電磁石の基礎）

をやさしく説明します。さらに、磁場と電場との波としての電磁波と磁場を伴うプラズマの基礎（第4章　目に見えない電磁波と電磁流体の基礎）を紹介します。

応用編として、音響機器や情報機器を含めた様々な家電製品に利用されている磁力（第5章　身近な家電の磁力）や、自動車や中央リニア新幹線を含めた産業機器での磁力（第6章　役立つ産業の磁力）を紹介します。生体で発生している磁場による超微弱な磁力（第7章　不思議な生命の磁力）や、中性子星などの超高磁場の磁力（第8章　驚きの宇宙の磁力）を説明します。

磁力は私たちにとって身近な力であり、地球を守ってくれる頼もしい力でもあり、同時に、謎めいた不思議な力でもあります。磁力に関する本書が、読者にとって幅広い興味を持つ契機となれば幸いです。

最後になりましたが、本書作成に当たり、日刊工業新聞社の鈴木徹部長をはじめ、多くの関係者の方にお世話になりました。ここに深く感謝申し上げます。

2019年1月

山﨑耕造

トコトンやさしい

磁力の本

目次

第3章 制御しやすい電磁石の基礎

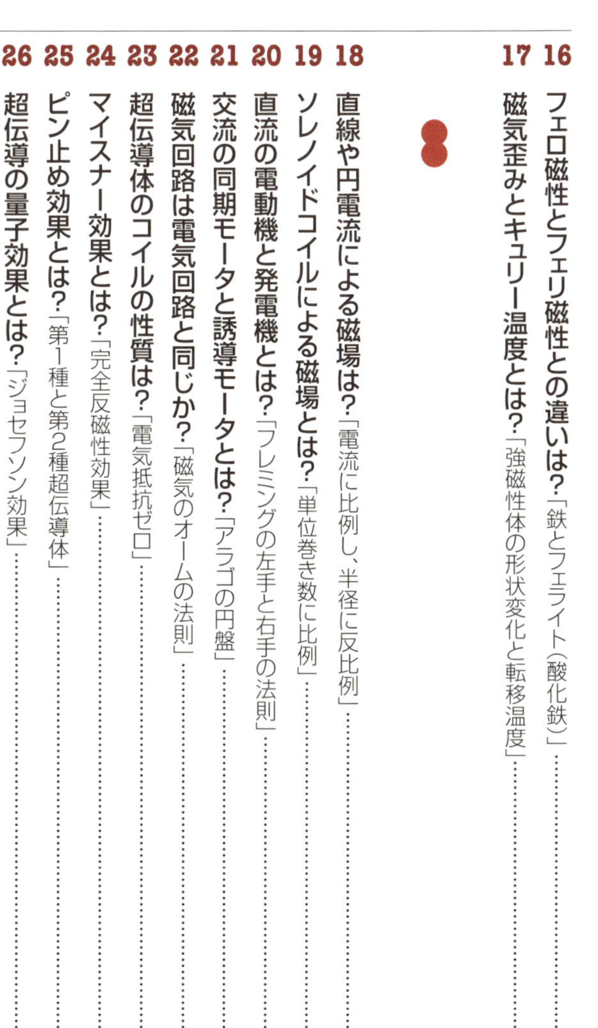

第4章 目に見えない電磁波と電磁流体の基礎

【応用編】

第5章 家電の身近な磁力

第6章 産業の役に立つ磁力

第7章 生命の不思議な磁力

第8章 宇宙の驚きの磁力

第8章 宇宙の驚きの磁力

第1章

不思議な磁力の発見と謎解き

1 磁力とはなんだろう？

磁力、磁気、磁場、磁荷の違い

磁石には鉄を引き付ける力がありますが、木を引き付けることはできません。なぜでしょうか？ この磁石による不思議な力を「磁力」、または「磁気力」と呼びます。また、この磁石の性質を「磁性」あるいは「磁気」と呼びます。

磁石同士では、磁石の向きによっては互いに反発し合います。電気の場合には、正の電荷と負の電荷が存在し、正極と負極の電極があります。電荷との類似性で、磁力の強い場所に「磁荷」があると考え、その場所を「磁極」と呼びます。ただし、実際には単独の磁荷は存在せず、磁石ではN極（正極）とS極（負極）とが常に対になっています。N極同士やS極同士は反発し合いますが、異なる極はお互いに引き合います。

磁石の棒を中心で吊るすと、地球の磁場との作用で棒磁石はゆっくりと回転して南北を示します。北（North）を向いている磁石棒の磁極が「N極」と定義され、南（South）を向いている極が「S極」です（上図）。N極とS極が引き合うので、地球を大きな棒磁石と考えると、実は北極には仮想の棒磁石のS極があることになります。

物を引く場合には直接手を触れたり、紐で引いたりしますが、磁石の場合には目に見える特別な糸はありません。この空間を「場」と呼び、磁気の届く空間の事を「磁場」または「磁界」と呼びます。電荷による電気力の場合は「電場」であり、重力の場合には「重力場」に相当しています。

磁場の様子を図示するための仮想の線として、「磁力線」を定義できます。正の磁荷が磁石のN極から空間を通ってS極への方向に動く磁場の向きを表した仮想の線です（下図）。紙の上に置いた磁石のまわりに砂鉄をまくと磁力線に相当する模様が得られます。磁力線の集まりを「磁束」と呼びます。磁力線が密な場所（単位面積あたりの磁束が大きい場所）が、磁場の強さが大きい場所に相当します。

要点BOX

- ●鉄を引き付ける磁石の力が磁力で性質が磁気
- ●ひもで吊るした磁石の北側の磁荷がN極
- ●磁力の矢印をつなげた曲線が磁力線

磁力と磁極、磁荷

●磁力(磁気力)と磁性(磁気)

磁石には鉄の釘を引き付ける力があります。これを「磁力」と言います。
磁力を持っている性質を「磁性」と言います。

●N極、S極の向きと磁荷

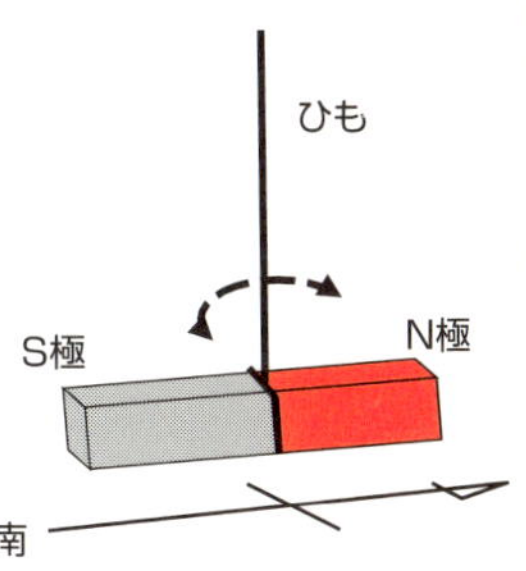

ひもで吊るした棒磁石を自由に回転させると、地磁気により南北の方向で静止します。
北側を磁石の「N極」、南側を「S極」としての「磁極」が定義されています。
N極には正の「磁荷」が、S極には負の磁荷があると想定されています。

棒磁石の磁力線と磁場

●磁力線の定義

各点での磁力を接線となるようにつないだ曲線を「磁力線」と言います。

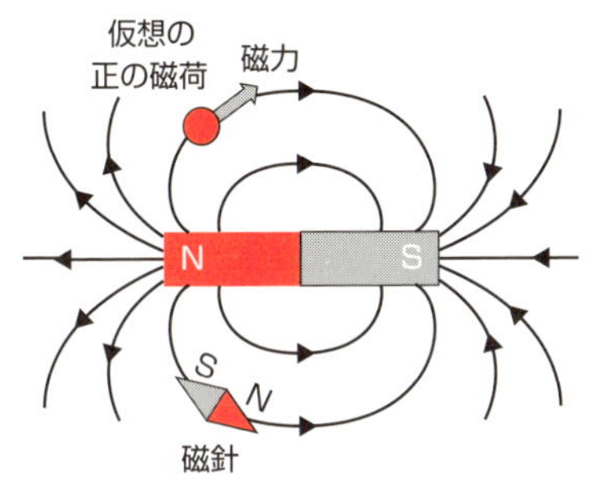

磁極の付近では磁力線が密であり、磁場が強いことが表されます。

●磁力と磁束の密度(磁束密度)

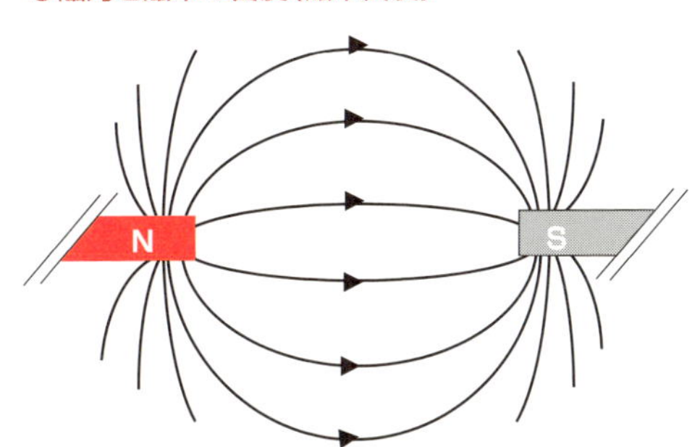

N極とS極は磁力線のゴムバンドでつながれているように磁力が働き、引き合います。

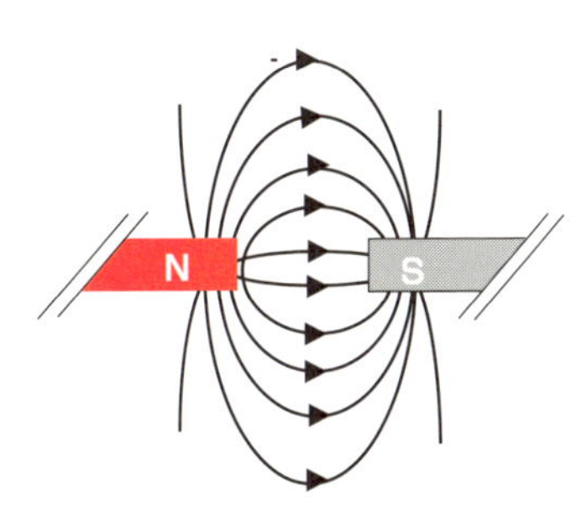

N極とS極とが近づくと「磁束(磁力線の束)」が密となり(磁束密度が大となり)、磁力が強くなります。

2 古代のギリシャと中国で発見されていた？

マグネシアの石、慈州の慈石

紀元前600年頃、古代ギリシャのミレトス生まれの自然哲学者タレスは、糸くずのような軽い物を引きつける力としての静電気力があることを知っていた、とされています。

一方、磁気に関しては、紀元前千年以上前に、古代ギリシャで羊飼いの杖の先端の鉄や靴の金属部分にくっつく石が見つかっていたという言い伝えがあります。この石が天然の磁鉄石であり、鉄と酸素からなる磁鉄鉱（英語でマグネタイト、Fe_3O_4）です。

この磁鉱石を多く産出するギリシャの地方名マグネシアから「マグネシアの石」として、英語のマグネット（magnet、磁石）の語源となりました。マグネシアの場所としては、上図に示したように、小アジア・イオニア地方とギリシャ・マケドニア地方の2か所が考えられています。英語では天然磁石をロードストーン（loadstone）とも言いますが、引き付ける石という意味が語源と言われています。

中国では磁石は元来「慈石」と表記されました。鉄片を吸着する様子が、乳飲み子を慈しんで抱く母親を思わせるので、慈石と呼ばれるようになったという言い伝えがあります。昔の中国の磁鉄鉱の産地は「慈州」であり、その後「磁州」に変化し、現在の河北省の最南部に邯鄲市磁県として残っています（下図）。

人類が電気や磁気の性質を解明し、それらを有効に利用するには長い年月が必要となりました。1600年に英国のギルバートが「磁石論」を発刊し、磁石や地磁気の性質を明らかにしました。彼は摩擦電気に関してもまとめあげたので、「電気と磁気の父」とも呼ばれています。

その後、電気についてはフランクリンの雷実験（1752年）が、また、日本では1776年に平賀源内が電気としてのライデン瓶付きのポルトガル製の摩擦起電機エレキテルを修復し、磁気に関しては磁針器（方位磁石）の製作を行ったと伝えられています。

●英語「マグネット」の語源は磁鉱石産出の地方名「マグネシア」から
●漢字「磁石」の語源は「慈石」から

「マグネット」の語源:マグネシア地方

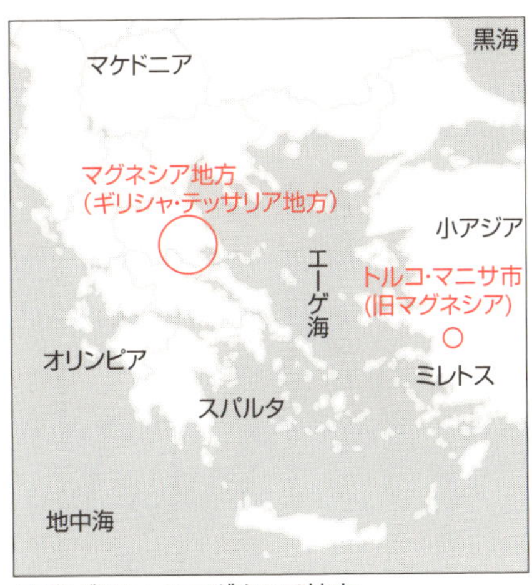

古代ギリシャのマグネシア地方
(語源の候補地2箇所)

杖の先端(鉄)が特別な石に引きつけられることを羊飼いは知っていました

「磁石」の由来:赤子を抱く母

「慈石」=鉄を引き付ける「慈しむ」石
(赤子を抱くお母さん)

「慈石」
慈州:隋の時代の州名、

「磁石」
磁県:現在の中国河北省
　　邯鄲市磁県

3 地球は磁石でできている？

ギルバートの地磁気実験

地球環境は地磁気のおかげで太陽からの高速粒子の流れ（太陽風）や宇宙線の脅威から守られてきました。地球に磁場が生成されなかったならば、大気も水も存在できず、生命の誕生・生育もなかったと考えられています。大航海時代には、地磁気を利用した羅針盤（方位磁針、磁気コンパス）が不可欠でした。

地球が大きな磁石であることを示したのは英国の医師で物理学者のウイリアム・ギルバートです。1600年に著書「磁石論」において、球形磁鉄鋼の磁石で地磁気の方向を再現しました（上図）。

ある場所での地磁気はその強さと、方向としての伏角（水平面とのなす角）と偏角（地理上の北の方向となす角）により定義されます。赤道付近では地磁気は地表面と平行であり、高緯度付近では伏角が大きくなります。これは地球を磁気双極子として、棒磁石で近似できます。地磁気により方位磁針のN極が北を向くので、地球は逆に北極にS極で南極にN極がある大きな棒磁石であると考えられます。この地磁気を地球内部のみに磁場の源があるとしての詳細な解析は、ギルバートのおよそ2百年後にドイツの数学者で物理学者であるカール・フリードリヒ・ガウスによりなされ、地磁気の99％が地球内部からであることが明確化されました。現在では、地球外の寄与として電離層での電流が地磁気に影響しており、磁場を伴った太陽風による影響も無視できないことが明らかとなっています。

実際には地球の内部は高温であり、永久磁石説は成り立ちません。電磁流体でのダイナモ効果により地磁気が生成・維持されていると考えられています。

地球中心の双極子による磁場で地磁気を近似したとき、その双極子磁場の軸と地表との交点を「地磁気極」、あるいは「磁軸極」と呼びます。一方、地磁気の伏角が±90度になる場所を「磁極」と呼びますが、多重極の磁場成分が変化することで、地磁気極と異なり、磁極は激しく移動しています（下図）。

要点BOX
- ●地球は大きな球形磁石であることをギルバートが実証し、2百年後にガウスが精密に解析
- ●地磁気極（磁軸極）と異なり、磁極は激しく移動

電気と磁気の父　ギルバート

ウィリアム・ギルバート
（William Gilbert 、1544年～1603年）

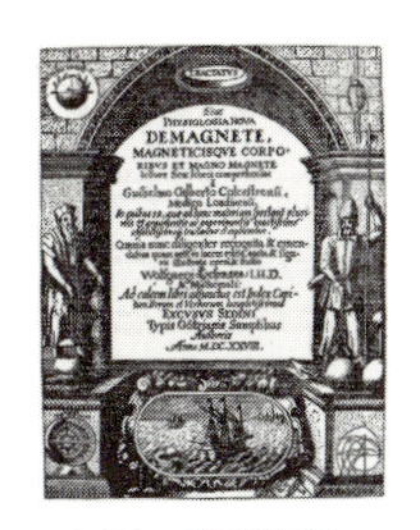
DEMAGNETE,
MAGNETICISQVE CORPO-
RIBVS ET MAGNO MAGNETE

ラテン語の著書
「磁石論 （De Magnete)」
（１６００年）

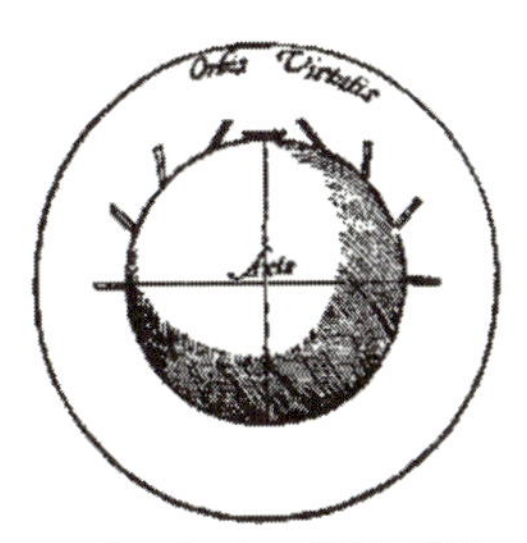

ギルバートの地磁気実験
球形の磁鉄鋼で磁石をつくり、磁針棒を近づけて、地磁気の方向との関係を明らかにしました。水平軸にN極とS極があります。

地理極、地磁気極、磁極の違い

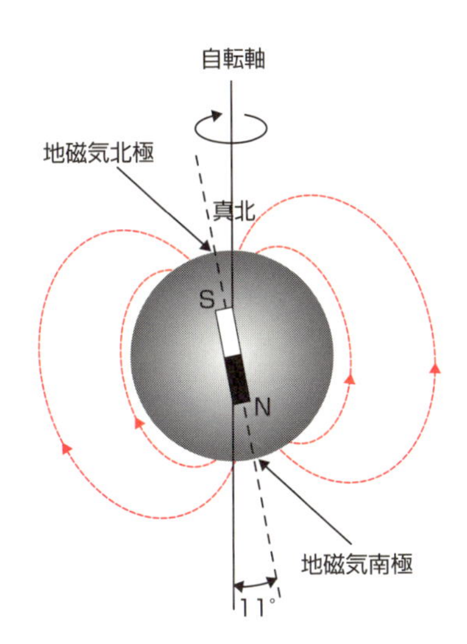

棒磁石による地球磁場の概念図
自転軸と地磁気軸

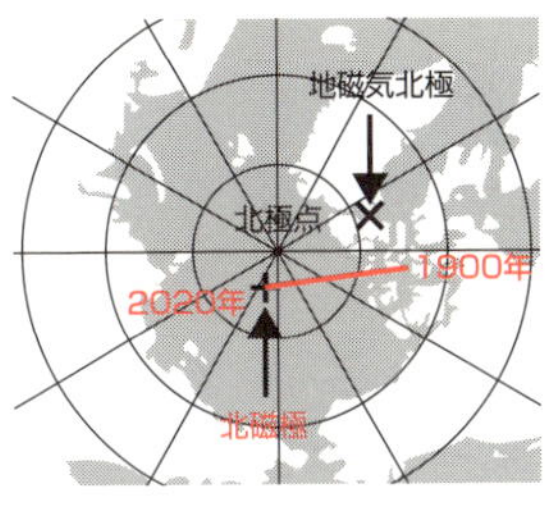

地磁気北極は長期間グリーンランド北西にある一方、北磁極（磁北極）はカナダからロシアの方向に大きく移動しています。

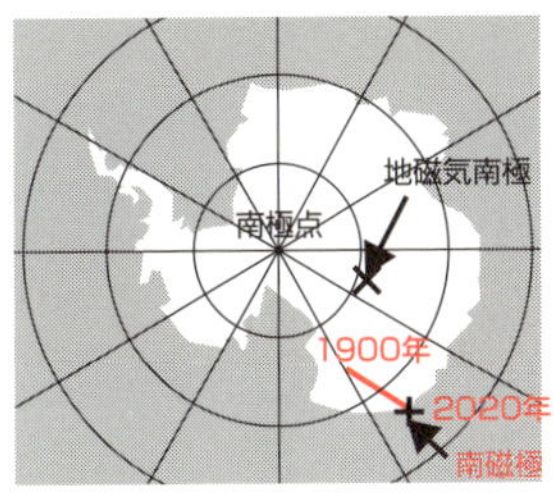

地磁気南極の位置は変動は少ないが、南磁極（磁南極）は内陸部から海上に移動しています。

「地磁気極」は磁気双極子の軸の地点で、
「磁極」は磁力線が鉛直となる地点です。

4 電気力と磁気力の法則の違いは?

電気と磁気のクーロンの法則

すべての重さのある物体はお互いに引き合い、2つの物体の質量の積に比例し、距離の2乗に反比例する力が働きます。これはニュートンにより発見された万有引力の法則です。帯電体同士の力(電気力)も万有引力と同様に距離 r の逆2乗則($\propto r^{-2}$)に従っており、「クーロンの法則」と呼ばれています。

質量間の力は引力しかありませんが、電荷の場合には正電荷と負電荷があるので、正と負の電荷では引力が、同じ電荷同士では斥力が働きます。

電荷(電気量)と同様に、「磁荷」あるいは「磁気量」を q_{m1}、q_{m2} と仮定すると、電気力と同じように磁気力 F を定義することができ、磁気に関する「クーロンの法則」が成り立ちます(上図)。力は電荷同士や磁荷同士の「距離の逆二乗」に比例し、力の単位は「ニュートン(記号はN)」です。同じ種類の磁極では反発し合い、異なる磁極では引き合います。電気での電荷(電気量)として「クーロン(記号はC)」が用いられるように、磁気での磁荷(磁気量)の単位は「ウェーバー(記号はWb)」が使われ、N極の磁気量を正、S極の磁気量を負とします。

引力や斥力の法則は電荷と磁荷とでは同じですが、本質的に異なる点があります。正と負に帯電している物体を分割すれば、それぞれ単独の電荷を帯びた棒を作ることができますが、磁極は電荷の正・負と異なり、磁石を分割してもN極だけの磁石やS極だけの磁石を作ることができません(下図)。磁荷の場合には、必ずN極とS極が対となった「磁気双極子」しかありません。

電荷には、電子や陽子のように、実体としての素電荷があります。しかし、磁荷には単極の素磁荷の実体がありません。これが、電気力と磁気力、電場と磁場との違いの原因です。導体での静電誘導・静電分極と、磁性体での磁気誘導・磁気分極との相違(14参照)も、これが原因なのです。

要点BOX

- ●磁荷の単位はウェーバー(記号はWb)
- ●磁石は分割しても単極の磁石は作れない
- ●電荷は実体があるが、単極の磁荷の実体はない

電気力と磁気力の比較

電荷 q_{e1}[C]　電荷 q_{e2}[C]

F　F

r[m]

$(q_{e1}>0,\ q_{e2}<0)$

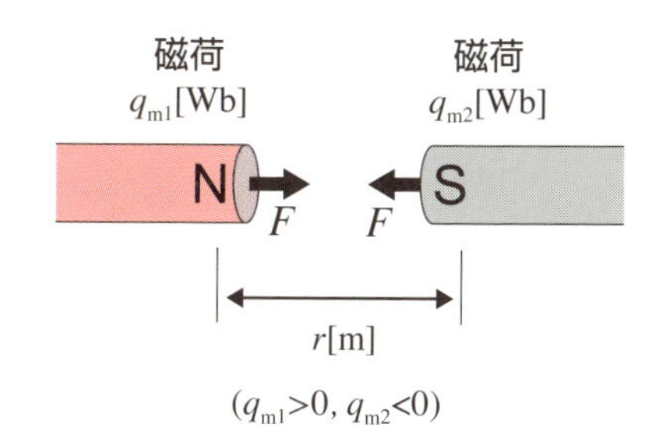

●電気に関するクーロンの法則

電気力　$$F = k_e \frac{q_{e1}q_{e2}}{r^2}$$

●点電荷qから距離rの場所の電場

電界強度　$E = k_e q_e / r^2$

電束密度　$D = q_e / (4\pi r^2)$

$k_e = 1/(4\pi\varepsilon_0)$

ε_0：真空の誘電率

●磁気に関するクーロンの法則

磁気力　$$F = k_m \frac{q_{m1}q_{m2}}{r^2}$$

●点磁荷q（仮想)から距離rの場所の磁場

磁界強度　$H = k_m q_m / r^2$

磁束密度　$B = q_m / (4\pi r^2)$

$k_m = 1/(4\pi\mu_0)$

μ_0：真空の透磁率

これは歴史的な定義であり、実際には、単極としての磁荷はないことに留意する必要があります。

磁石と帯電体の分割の違い

●帯電体の分割

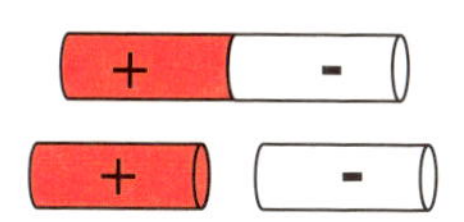

正電荷または負電荷だけの帯電体に分割できます。

●磁石の分割

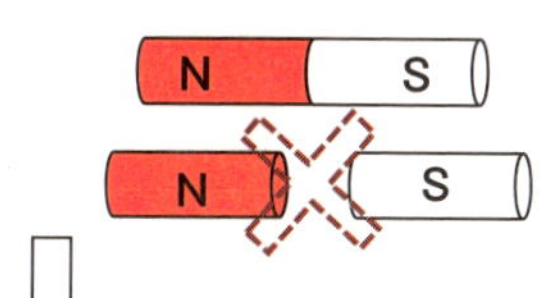

N極またはS極だけの単極磁石は作れず、必ず双極の磁石となります。

5 磁石と帯電体とは相互作用しない？

エルステッドの法則

19世紀初頭には、電荷を有する帯電体同士はお互いに力を及ぼしあい、磁荷を有する磁石同士もお互いに力を及ぼしあうことは「クーロンの法則」として知られていましたが、電荷と磁荷との間には相互に力は働かないと考えられていました。

1820年にデンマークのハンス・C・エルステッド（1777〜1851）は磁針の近くで電流が流れると磁針が動くことを発見しました（上図）。静止した電荷には磁石からの力は作用しませんが、電荷の流れ（電流）は磁石と相互作用することが明らかとなったのです。

電流と磁場との相互作用と電流同士の力に関する研究は、エルステッドの法則の発見から、フランスのアンペール、そして、イギリスのファラデーにより詳細な解析や新たな発見がなされてきました。後年、下記のフレミングの法則もまとめられました。

一様な磁場に直交する方向に電流が流れている導線にかかる電磁力の大きさF［N］は、磁場の磁束密度B［T］と電流の大きさI［A］との積に比例し、磁場中の導体の長さL［m］にも比例します（下図）。左手の人差し指の向きを磁場Bの向き、中指を電流Iの向きとすると、力Fの向きは親指の方向です。これは「フレミングの左手の法則」とよばれています。親指から「F・B・I」、あるいは、中指から「電・磁・力」と暗記し、Fの向きを求めることができます。

この磁気力は、ゴムバンドに相当する磁力線の合成で理解することもできます。一様磁場の磁力線と電流による同心円状の磁力線との合成で、下方の磁力線の密度が高くなり、その下方での磁気圧が上方よりも大きくなり、導線を上方に押されると考えることができます。

ちなみに、フレミングの法則のうち、左手の法則は磁場中での電流に働く力の方向を示し、フレミングの右手の法則は磁場中の導線に力を加えて動かしたときに導線に流れる電流の方向を求める法則です。

要点BOX

- 電流と磁場との相互作用はエルステッドが発見
- 磁場B中での電流Iに働く力Fの方向は、フレミングの左手の法則、F・B・Iで確認

エルステッドの実験（1820年）

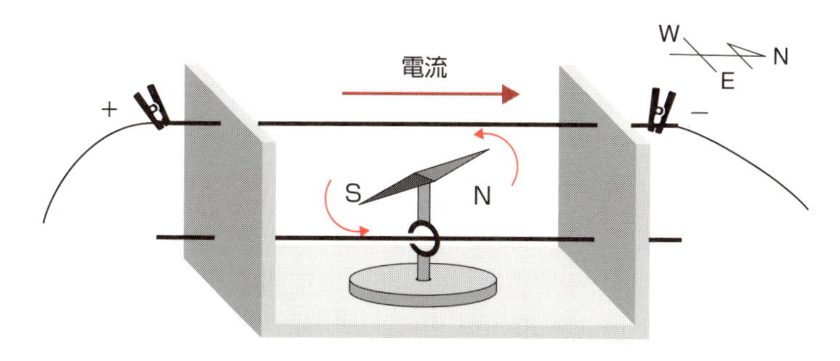

上方の導線に電流を流すと、方位磁石のN極の針が西（W）に揺れます。 下方の導線の場合には、東（E）に傾きます。

電磁力とフレミングの左手の法則

●磁場中の電流に加わる力

大きさは　F[N] = IBL [A·T·m]

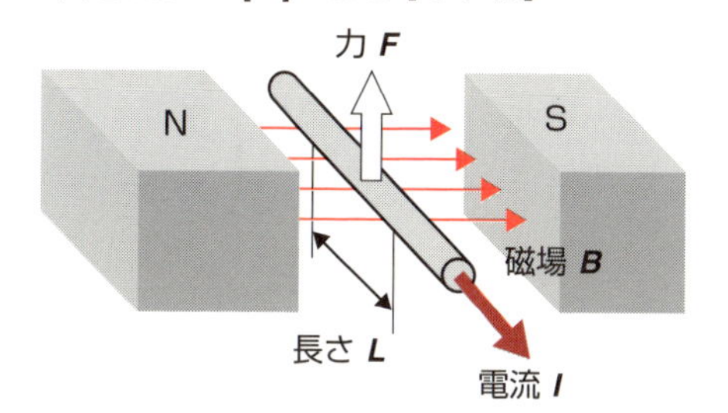

●フレミングの左手の法則

力の向き**F**を求める法則

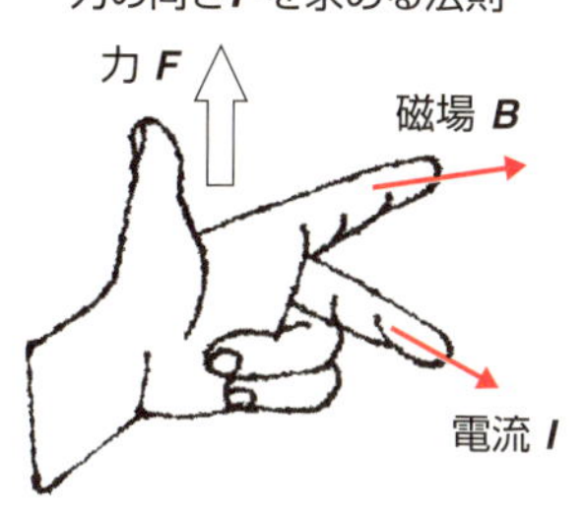

●磁力線の合成

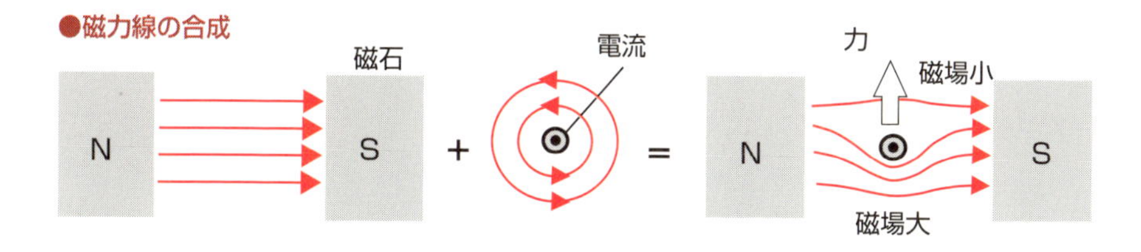

合成された磁力線の粗密の構造から、力の方向が理解できます。

6 電荷の流れが磁場を作る?

アンペールの法則

静止した電荷と磁石との間に力は働きませんが、電荷の流れ(電流)ができると磁場が生まれ磁石との相互作用が起こります。電流の方向を右ネジの進む方向とすると、右ネジの回る向きに磁場が生じます。これは「右ねじの法則」と呼ばれます。電流のまわりの磁場の強さは、電流からの距離が大きくなるほど距離の逆数に比例して弱くなります。

一般的に、電流の大きさは、それを取り囲むループに沿った各点の磁場を足し合わせた総和に比例します。ループの形は自由に設定できます。奇妙な形でもかまいません。これを「アンペールの法則」といい、1820年にフランスの物理学者アンドレ・マリ・アンペールが発見しました(上図)。磁場の右手の法則や右ねじの法則もアンペールの法則に関連した法則です。

磁荷 q_m〔Wb〕を置いたときにかかる力 F〔N〕から「磁界強度 H(単位はN/Wb)」を $F=q_m H$ として定義することができます。電荷(単位はクーロン、記号はC)から電気力線が出ている「電束密度 D(単位はC/㎡)」が定義できるように、磁荷(単位はウェーバー、記号はWb)からの磁力線の密度として「磁束密度 B(単位はWb/㎡)」が定義でき、この単位はテスラ(記号はT)とも書かれます。磁束密度 B と磁界強度 H の関係は、物質の比透磁率 μ_r を用いて $B=\mu_0\mu_r H$ です。ここで、μ_0 は真空の透磁率であり、電流の単位A(アンペア)を定義するときの人為的定数に相当します。

以上の磁束密度 B と磁界強度 H との比較を下図に示しました。磁石を電流のリングで模擬して磁束線 B を描くと、この湧き出しや消滅はありません。一方、磁力線 H は仮想のN極の磁荷から放出されて仮想のS極に吸い込まれます。磁性体の外では磁束線と磁力線とは同じです。磁場の実体は双極磁場を生み出す電子のスピンに起因していますので(13参照)、仮想の磁荷を考えるのは誤りであり、E と B とを中心にして電磁場を考えるのが適切です。

●アンペールの法則は電流から磁場の強度を得る
●磁界強度 H [N/Wb] と磁束密度 B [T] は $B=\mu_0\mu_r H$

アンペールの法則（1820年）

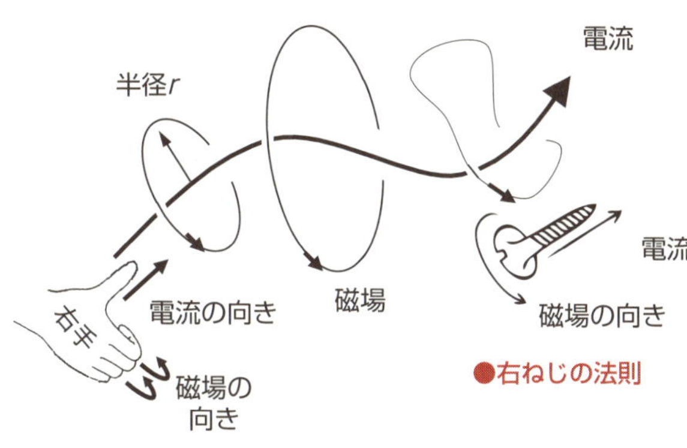

●磁場の右手の法則

●右ねじの法則

●アンペールの法則

電流を取り囲む任意のループに沿った各点の磁場を足し合わせた総和は、電流値に比例します。

磁界強度Hの単位は
N/Wb　または　A/m

磁束密度Bの単位は
Wb/m^2　または　T

真空中では
$B = \mu_0 H$
$\mu_0 = 4\pi \times 10^{-7}$ [T・m/A]

磁性体での磁束線Bと磁力線Hの比較

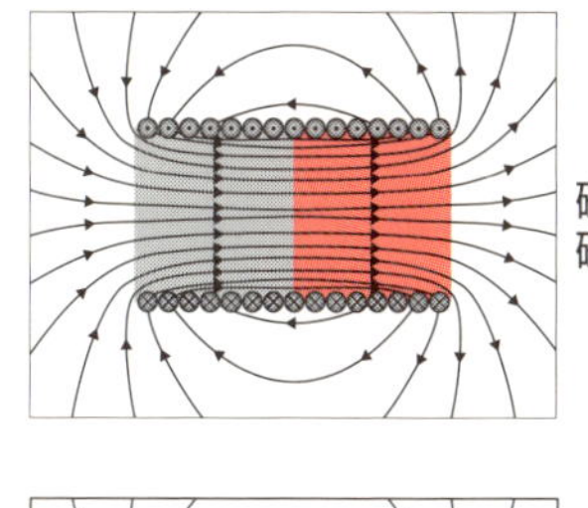

磁束線
磁束密度B

$$B = \mu_0 H + \mu_0 M$$
$$= (1+\chi)\mu_0 H = \mu H$$

χ：比透磁率

（$B = \mu_0 H + M$で定義される場合もあります）

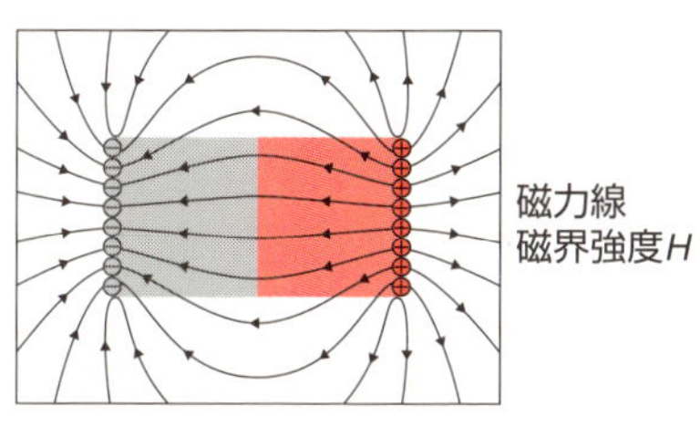

磁力線
磁界強度H

磁化は磁性体内だけにあります。

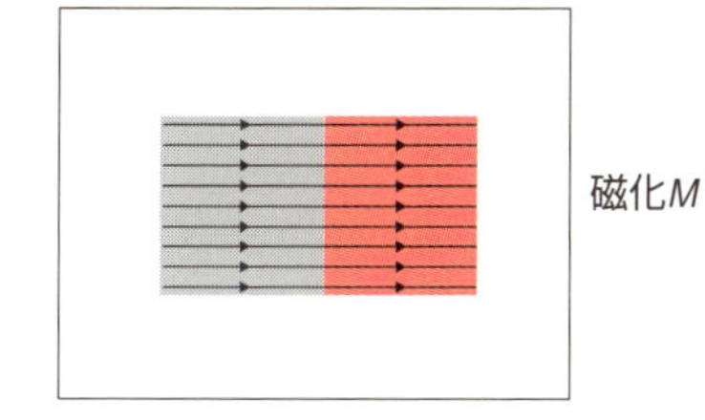

磁化M

磁束線は上下のコイルで作られた場合と同じで連続的です。
磁力線は両端の仮想の磁荷で湧き出しと沈み込みがあります。

7 磁場の変化が電圧を生む？

ファラデーの電磁誘導の法則

電気のエネルギーを回転のエネルギーに変える電気モータ（電動機）はいろいろな場所で用いられていますが、世界で初めてモータを作ったのは英国のマイケル・ファラデー（1791～1867）です。1821年に「電磁回転」と名付けた動きを生じる2つの装置を作り上げました（上図）。1つは水銀を入れた容器の中央に磁石を立て、上から水銀に浸るように針金をたらし、その針金と水銀を通るように電流を流すと、電流によって生じた磁場が磁石の磁場と反発して、針金が磁石の周囲を回転し続けるというものです。もう1つは「単極電動機」と呼ばれるもので、逆に磁石側が針金の周りを回るようになっていました。

この実験後の1831年に、「電磁誘導の法則」を発見します。「誘導起電力の大きさは、コイルを貫く磁束の単位時間当たりの変化に比例する」という法則です。誘導起電力は、磁束密度B（単位はT、あるいは、Wb／㎡）、円形の面積S［㎡］とコイルの巻き数Nとに比例します。1個のコイルを貫く磁束線の数、すなわち「磁束」Φ_B[Wb]は$\Phi_B = BS$であり、コイル全体を貫く磁束Φは$\Phi = N\Phi_B = NBS$となり、コイルでの誘導起電力はΦの時間変化率に比例することになります（中図）。ここで、磁束Φの単位は磁気量と同じウェーバー（記号Wb）であり、電圧と時間の積としてのボルト秒（記号V・s）と書くこともできます。

閉じたコイルに磁石を近づけたり遠ざけたりすると、コイルに起電力が発生して電流が流れます。誘導される電流の方向は、ハインリッヒ・レンツ（エストニア、1804～1865）により1833年に「レンツの法則」としてまとめられています。これは「コイルや導体板に流れる誘導電流の方向は、誘導電流が作る磁束が、もとの磁束の増減を妨げる向きに発生する」という法則であり（下図）、「フレミングの右手の法則」からも理解することができます。

要点BOX

- ●ファラデーの電磁誘導の法則では、「誘導起電力は磁束の時間変化に比例」
- ●誘導電流の向きは磁束の増減を妨げる方向

世界初のモータ（1821年）

●ファラデーの「電磁回転」装置

左に可動磁石を、右に可動針金を水銀の中に入れた装置です。直流電源から電流を流すと、
（左側）固定針金の電流でできる磁場により可動磁石のN極が回転します。
（右側）針金の電流による磁場と磁石とが作用して、可動針金が回転します。

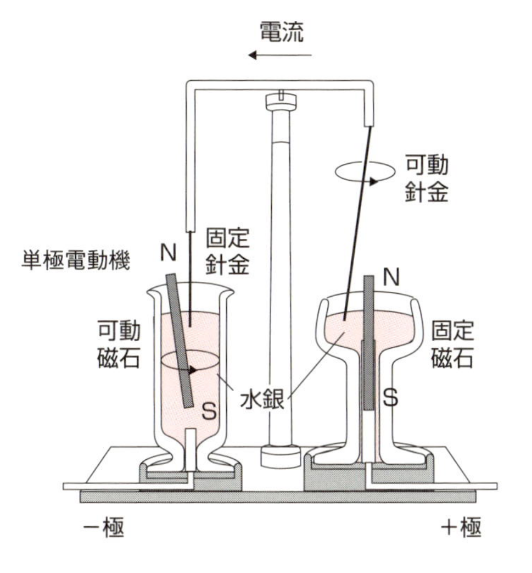

ファラデーの電磁誘導の法則（1831年）

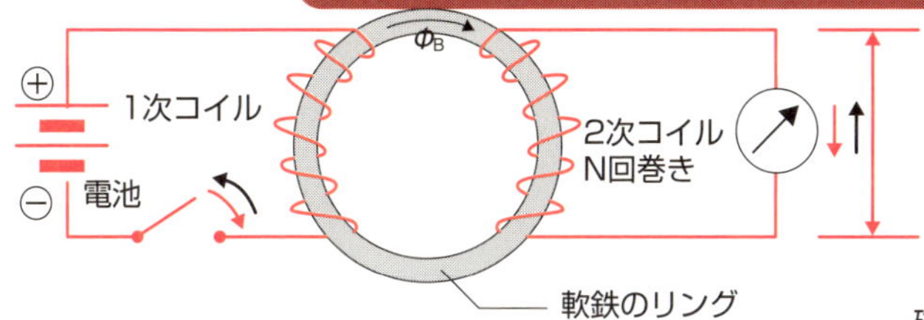

2次コイルがひろう磁束は$\Phi=N\Phi_B$であり、その時間変化として起電力が生まれます。

リング内の磁束密度 B
リングの断面積 S
リング内の磁束Φ_B＝BS

誘導起電力 V [V]

$$V=-\frac{d\Phi}{dt}=-N\frac{d\Phi_B}{dt}$$

磁束 Φの単位は磁気量と同じウェーバー（記号Wb）です。

1 Wb ＝ 1 V･s ＝ 1 T･m²

レンツの法則（1833年）

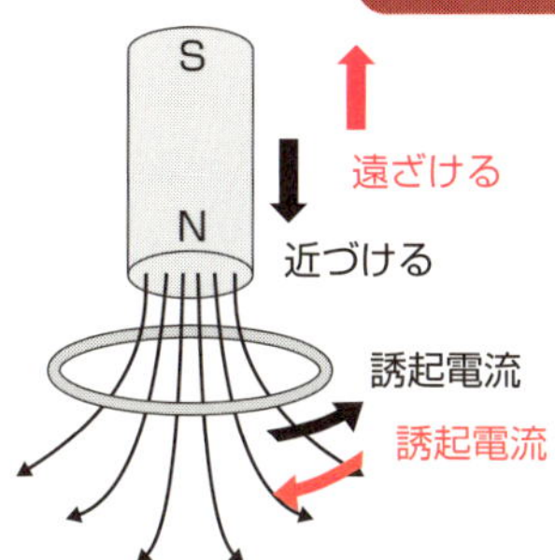

磁石を近づけると（遠ざけると）、磁石からの磁束が増えるので（減るので）、磁束を減らすように（増えるように）、誘起電流が流れます。

8 磁気の単位は複雑？

*EH*対応と*EB*対応

磁石や電流に伴う磁界を正確に理解するためには、電磁気学が必要です。電磁気学が難しいと思われる理由の一つに、単位系の複雑さがあります。cgsを基本とした静電単位系、電磁単位系、ガウス単位系など様々な単位系が用いられてきましたが、現在ではMKSAを基本とした国際単位系が用いられ、いろいろな誘導単位が用いられています。電場Eは、電荷から発する場として自然に定義されますが、磁場に関しては歴史的経緯から二種類の考え方があります。

重力や電場の場合には、物質に加わる力Fから場の強さが定義されています（上図）。

歴史的には、電場と同じように、磁荷q_m（単位はWb、ウェーバー）を持つ物質に磁気力Fが加わる場合に磁界強度$H=F/q_m$が定義されます（4参照）。ここでは磁気のクーロンの法則を基本公式としています。電束密度と同じように、磁荷q_mのまわりの球の表面積Sを用いて、磁束密度を$B=q_m/S$（単位はWb/m²ウェーバー毎平方メートル）を定義できます。これがHを基準としてEH対応の単位系です。

一方、実際には単独の磁荷は存在しないので、磁気のクーロンの法則は物理的に正しくありません。磁性体の磁場も電子のスピンから作られているので、実体としての電荷の流れとしての電流Iの微小長さℓに加わる電磁力$F=I\times B\ell$を基本公式として、磁束密度Bが定義されています。ここで、×はベクトルの外積であり、電流と磁場とが垂直の場合に$B=F/I\ell$（単位はT、テスラ）であり、EB対応の単位系です（中図）。この電磁力は、電荷を持つ粒子に加わるローレンツ力と等価です。磁性体が存在する場合には、磁化電流を含めずにアンペールの法則が成立するように便宜的に磁界強度Hを定義します。ここで、基本単位としての電流Iの単位アンペア（A）の定義（下図）とアンペールの法則から、真空の透磁率は$\mu_0=4\pi\times10^{-7}\,\mathrm{N/A^2}$と定義されています。

要点BOX

- 歴史的には磁荷のクーロンの法則から単位系
- 電流が磁場を作り、電流に加わる電磁力か、電荷に加わるローレンツ力から*EB*対応の単位系

歴史的な磁場(磁界)の定義:*EH*対応

重力場

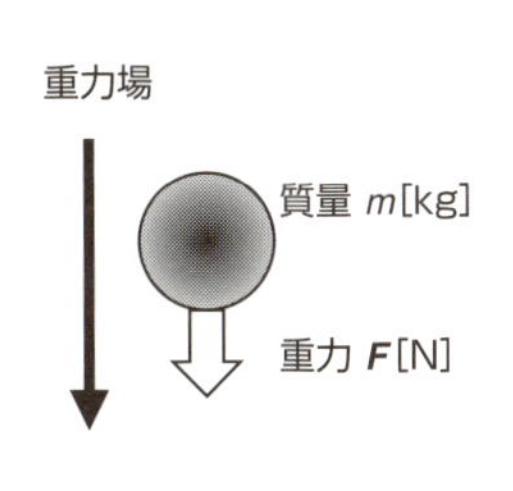

重力場　$\boldsymbol{g}=\boldsymbol{F}/m$

電場(電界)

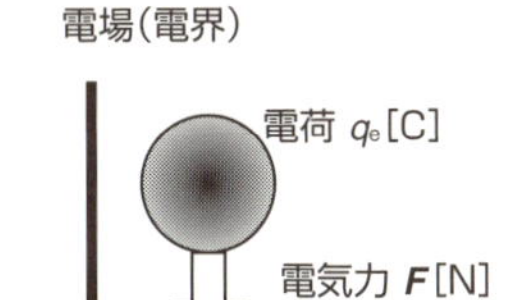

電界強度　$\boldsymbol{E}=\boldsymbol{F}/q_e$

電束密度　$\boldsymbol{D}=q_e/4\pi r^2$

磁場(磁界)

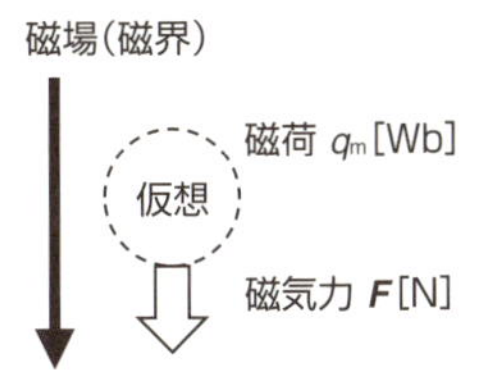

磁界強度　$\boldsymbol{H}=\boldsymbol{F}/q_m$

磁束密度　$\boldsymbol{B}=q_m/4\pi r^2$

現在の磁場(磁界)の定義:*EB*対応

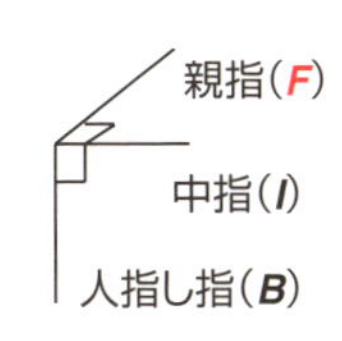

フレミングの左手の法則

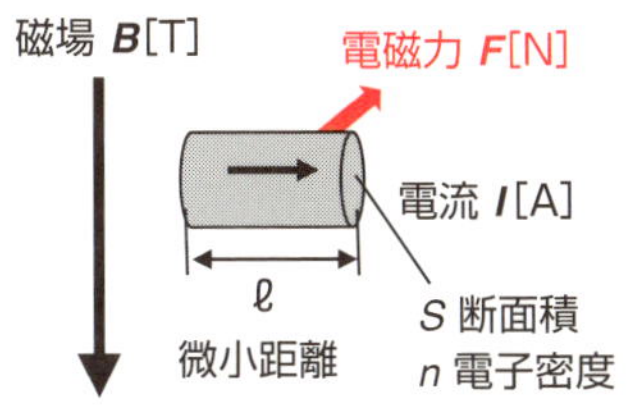

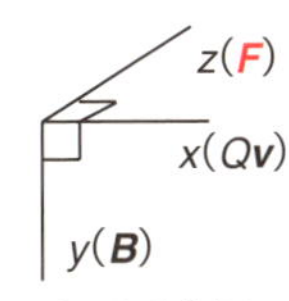

右手系座標
(x,y,z)

電流に加わる電磁力
(フレミングの左手の法則)

$$\boldsymbol{F}=\boldsymbol{I}\times\boldsymbol{B}\ell$$

$$\boldsymbol{I}=(-e)\,n\boldsymbol{v}S$$

または

荷電粒子に加わるローレンツ力
($\boldsymbol{v}$と$\boldsymbol{B}$に垂直方向)

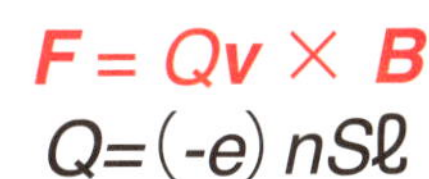

$$Q=(-e)\,nS\ell$$

電流単位A(アンペア)の定義

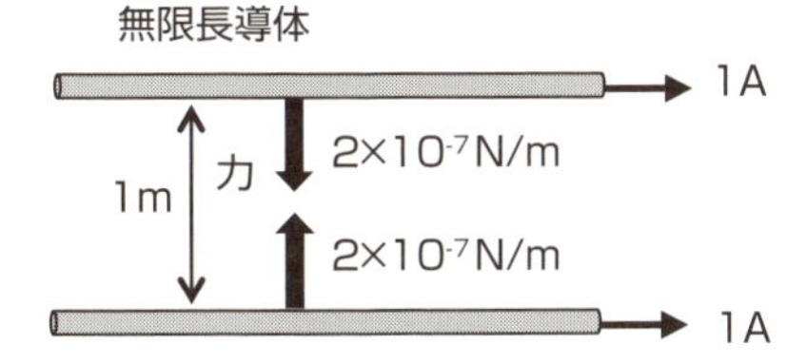

無限の長さの2本の導線に同じ電流を流した場合、お互いに1メートルあたり2×10^{-7}ニュートン(N)の力が加わるときの電流値を1Aと定義されています。

Column

地磁気が消滅する？映画「ザ・コア」

地球は太陽からの高速の粒子の流れ（太陽風）にさらされています。その暴風に対して、傘を広げるようにして地球を守ってくれているのが、地球の磁場です。

現在、その地磁気の強さが少しずつ（年に0・05％ずつ）弱まっていて、単純な外挿によれば、今から2000年後にはゼロになる可能性が指摘されています。

SF映画「ザ・コア」では、何百羽もの鳩が方向感覚を失い、スペースシャトルが帰還時に制御不能となるなど、謎の出来事が次から次へと起こるところから物語が始まります。地球の核（コア）の熱対流による回転が停止して、地磁気が弱まることが原因です。

映画では、耐超高熱で耐超高圧の特殊地中潜行艇で地球の奥深くまで潜入して、核爆弾によりコアの回転を誘起し、地磁気を回復させることを試みます。

地磁気は数十万年に1度の割合でN極・S極の磁場の反転が起こっていることが、古地磁気学から判明しています（60参照）。最新の地磁気反転は、今から77万年前に起こっています。この証しは、千葉県市原市田淵の地層で発見されており、近年「国際標準模式層断面及び地点（GSSP：Global Boundary Stratotype Section and Point）」に内定しています。その77万年前から12万6000年前にかけての地質時代（中期更新世）を「チバニアン」（千葉時代）と命名される見通しです。

人類は宇宙のかなたに無人探査船を飛ばしていますが、地球の中は残念ながら、ボーリングでもたったの12㎞までしか探査していないのです。

地震波などの波動の透過や反射から地球内部が推測されていますが、今後の地球内部の研究開発に期待したいものです。

核爆発でコアの電流を誘起し、地磁気をつくる(?!)

「ザ・コア」
原題:The Core
製作:米国
監督:ジョン・アミエル
主演:アーロン・エッカート、ヒラリー・スワンク
配給:ギャガ
公開:2003年6月

第2章

使いやすい永久磁石の基礎

9 どのような磁石があるのか？

永久磁石と一時磁石

磁石には永久磁石と一時磁石（電磁軟鉄、電磁石）とがあります。「永久磁石」とは、外部からエネルギーの供給を受けずに、安定した磁場を発生し、保持する磁石のことです。一方、外部磁場などによる磁化を受けたときにしか磁性を持たない磁石を「一時磁石」と呼びます。電磁軟鉄（純鉄）に永久磁石を近づけると磁石となりますが、遠ざけると磁性がなくなります。また、電磁石はコイル電流をゼロにすると磁力がなくなるので、一時磁石と呼ばれています。

鉄を含んだ自然の鉱石（赤鉄鉱Fe_2O_3や磁鉄鉱Fe_3O_4など）が、落雷のエネルギーなどにより永久磁石に変化したと考えられています。

磁石の研究は1600年頃のギルバート（3参照）から始まりましたが、磁石材料の技術開発が本格化したのは20世紀になってからです。金属磁石として、1917年に東北大学の本多光太郎博士により「KS鋼」（主成分は鉄、コバルト、タングステン、クロム、炭素）が発明され、1932年に東京大学の三島徳七博士により、「MK鋼」（主成分は鉄、ニッケル、アルミニウム）の合金磁石が開発されました。これらに改良が加えられて、1943年に工業化されたのが高温でも安定な「アルニコ磁石」です。鉄のほかに、アルミニウム、ニッケル、コバルトを成分とすることから命名された合金系の磁石です。

一方、セラミック磁石（酸化物磁石）として、1937年に東京工業大学の加藤と武井の両博士によって安価な「フェライト磁石」が発明されています。20世紀後半になると、希土類金属を利用した強力な金属磁石「サマリウムコバルト（サマコバ）磁石」「ネオジム磁石」が開発されました。フェライトやネオジムの粉をゴムやプラスチックに混ぜて固めた、加工が容易な「ボンド磁石」も開発されてきています。

これらの磁石の長所と短所を下表にまとめました。

要点BOX

- ●ネオジム磁石は永久磁石、電磁石は一時磁石
- ●酸化物磁石としてフェライト磁石
- ●金属磁石としてアルニコ磁石、希土類磁石

磁石の分類

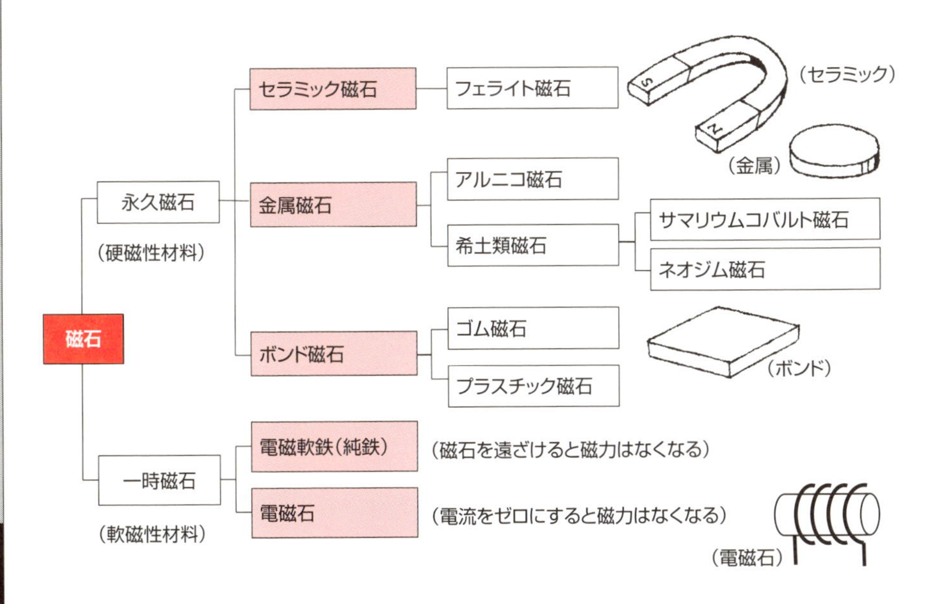

永久磁石の特徴

	フェライト磁石	アルニコ磁石	希土類 サマコバ磁石	希土類 ネオジム磁石	ボンド磁石
材質	酸化鉄	アルミニウム ニッケル コバルトなど	サマリウム コバルト	ネオジウム 鉄 ホウ素	粉末磁石 ゴムまたは プラスチック
長所	◎安価 ○大量生産	◎高温安定 ○耐衝撃 ○やや安価	○強磁力 ○高温やや安定	◎強磁力 ○機械強度大	◎加工容易 ○多様な形状
短所	△磁力やや小 ×もろい ×低温劣化	△保持力小 △磁力やや小	×高価 ×もろい	△やや高価 ×錆びやすい ×高温劣化	×磁力小

10 最も多く利用されている磁石は?

酸化鉄のフェライト磁石

現在、世界で最も一般的に使われている安価な磁石は「フェライト磁石」です。磁力はさほど強くはありませんが、鉄錆としての酸化鉄が主原料であり安価です。外観は灰黒色で錆びにくく様々な形の磁石が作れるメリットがあります。しかし、陶器と同様な性質を持ち、比較的割れやすく、取扱いには注意が必要です。また、金属磁石と異なり、マイナス30℃ほどの低温では保持力が劣化してしまいます。

フェライトには永久磁石としての硬磁性の「ハードフェライト」とトランスのコア材などの軟磁性の「ソフトフェライト」とがあります。ハードフェライトの棒にコイルを巻いて電流を流すと磁石になり、電流を切っても磁化が残り、磁石の性質を維持しています。一方、ソフトフェライトの棒では、コイル電流をゼロにすると磁化がなくなり、もとの状態に戻ります。ハードフェライトはモータやスピーカ、磁気センサなどの永久磁石として使われており、ソフトフェライトは高周波用のインダクタやトランスなどの磁性材料として使われています(上図)。一般にフェライトと呼ぶ場合にはソフトフェライトを指します。

フェライトをつくるには、酸化鉄と炭酸バリウムまたは炭酸ストロンチウムの原料を配合して仮焼成を行い、これを粉砕して粉末化し、磁場中で圧縮成形して1300℃近くで焼結します。これを加工してパルス的に着磁(磁化が飽和するまでの強い外部磁場を印加)して製品を作ります。

このように、磁場中で圧縮成形すると「異方性フェライト」が作られ、一方、磁場がない状態で圧縮成形すると「等方性フェライト」が作られます(下図)。異方性フェライトでは磁極の方向がほぼ同じ方向にそろっているので、等方性フェライトよりも強くて安定した磁石を作ることができます。

現在の磁石生産重量はフェライトが最大ですが、金額ではネオジム磁石が勝っています。

●セラミック(陶磁器)としてのフェライト磁石
●永久磁石用のハードフェライト
●トランス用のソフトフェライト

フェライト磁石の分類

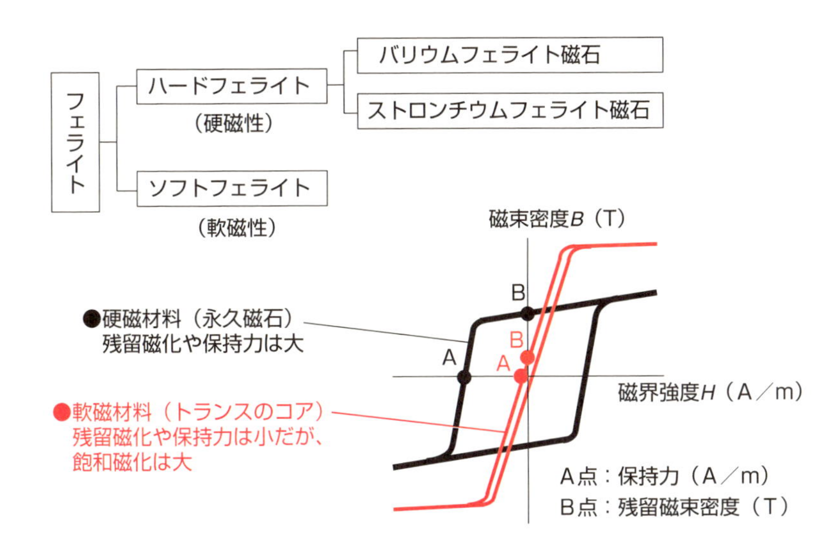

フェライト磁石の製造

●フェライトの結晶構造（六方晶体）

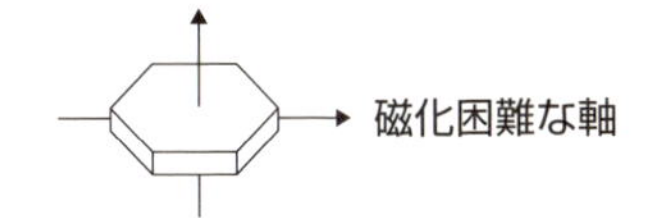

●フェライトの製造工程

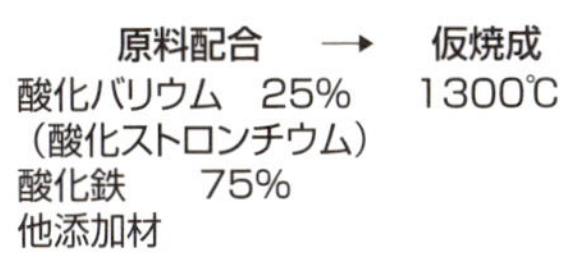

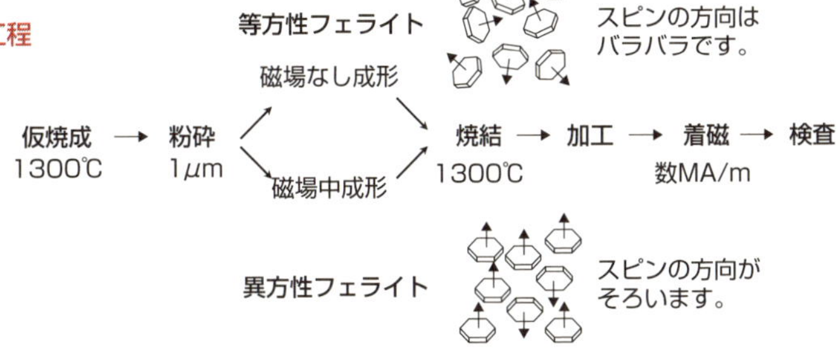

11 磁力の強い永久磁石は？

希土類のネオジム磁石

物質の磁力の大きさは原子の持つ磁気モーメントにより決まります。特に、電子自身の持つスピンに依存します（13参照）。原子での電子の配置は、量子化（離散化）されていくつかの殻（K、L、Mなど）と軌道（s、p、dなど）の集まりで理解できます。電子には2種類のスピンがあります。例えばN殻は、s軌道（電子は2個充満）、p軌道（6個充満）、d軌道（最大10個）、f軌道（最大14個）です。しかも、f軌道が充満しないのに次のO殻の5sが満たされます（上図）。これは、4f軌道に不対電子を持つネオジムやサマリウム元素に相当し、最も磁力の強い希土類（レアアース）磁石の成分元素になっています。

希土類磁石としての「ネオジム磁石」はフェライト磁石の5倍から10倍の強さです。ネオジム（Nd）はネオジウムと間違いやすいですが、英語読みではネオジミウム（neodymium）であり、ドイツ語読みのネオジム（neodym）が日本での正式な呼び名となっています。この磁石は1984年に米国のゼネラルモーターズと日本の住友特殊金属（現在の日立金属）の佐川眞人さんらによって発明された磁石であり、ネオジム、鉄、ホウ素の化合物です。この磁石は100℃以上の高温では磁力が劣化しやすい欠点があります。また、錆びやすい性質があるので、表面にニッケルメッキを施しており銀色の金属光沢をしています。

一方、希土類磁石としての「サマリウムコバルト磁石」は1968年に米国で発明され、ネオジム磁石よりも磁力が弱いものの、温度安定性が良好なので、高温の場所で使われています。

永久磁石の性能は、ヒステリシス曲線（15節）から、残留磁化（残留磁束密度、単位はT、テスラ）、保持力（単位はA／m、アンペア毎メートル）、そして、両者の複合的な指標としの最大エネルギー積（単位はJ／m³、ジュール毎立方メートル）で表されます。永久磁石の性能の歴史的な進展を下図に示しました。

要点BOX

- ●4f軌道の不対電子による希土類磁石
- ●磁力の強いネオジウム磁石
- ●高温に強いサマリウムコバルト磁石

ネオジム元素の電子配置

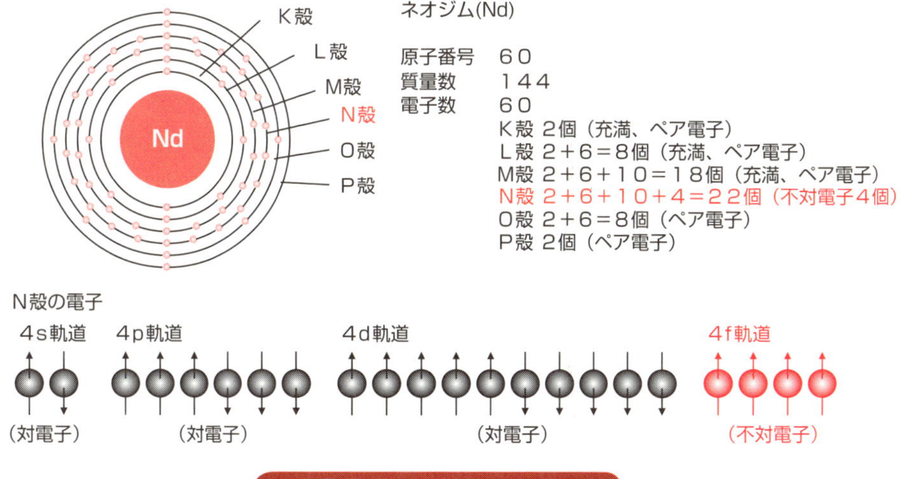

永久磁石の性能の進展

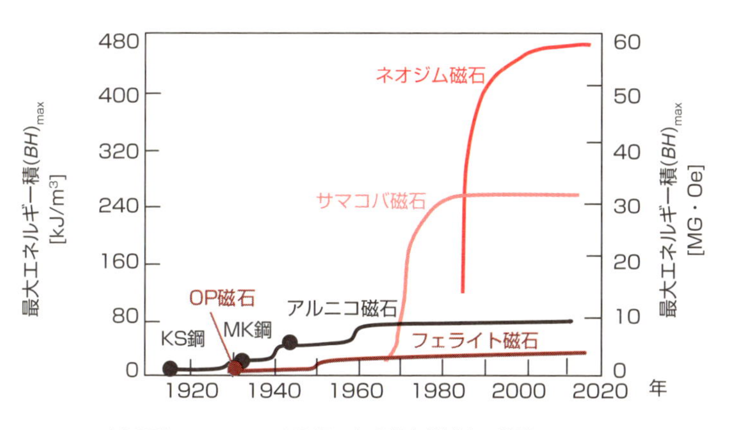

1917年	KS鋼　本田光太郎博士の発明
1930年	OP磁石（Coフェライト）加藤、武井両博士の発明
1932年	MK鋼　三島徳七博士の発明
1934・1943年	NMK鋼の発明とアルニコ磁石への改良
1952・1961年	Ba/Srフェライトの工業化
1968年	サマコバ磁石の米国での発明
1983年	ネオジム磁石の（旧）住友特殊金属での発明

12 磁気モーメントとは?

磁気双極子の偶力モーメント

アルキメデスのテコの原理の力のつり合いでは、加わる力と腕の長さ(力が作用する点と回転軸としての支点との距離)の積で「力のモーメント」が定義されます。電場Eの中に正電荷$+q_e$と負電荷$-q_e$とが距離dだけ離れた棒の上にある場合には、電気力q_eEと$-q_eE$の偶力(同じ大きさで方向が逆の力)が働き、棒の中心からみた力のモーメントは$q_eEd/2$と$-q_eEd/2$となり、合計はq_edEとなります。この場合、電気双極子モーメントとしてq_edが定義されます。

磁場の場合には常に磁荷は双極子であり、磁場Hの中に正磁荷$+q_m$と負磁荷$-q_m$とが距離dだけ離れた棒の上にある場合には、磁気力q_mHと$-q_mH$の偶力が働き、支点としての棒の中心からみた磁気力のモーメントの合計はq_mdHとなり、「磁気モーメント(磁気能率)」としてq_mdが定義されます(上図)。

以上の磁気モーメントにより磁石の性能を表す事ができ、単位はWb・mです。磁荷量q_mが大きいほど、距離dが長いほど、磁石の磁場が強力であると言えます。これは歴史的に磁荷を仮定してのクーロンの法則に基づいたEH対応の定義です(8参照)。

一方、電荷が動くと磁場が生じることが明確化され、電流に加わる電磁力を基本法則としてのEB対応の磁気モーメントの定義があります。半径aの円を流れる電流Iにより生まれる磁場は双極性であり、「磁気モーメント(磁気能率)」としてπa^2Iが定義され、単位はA・m^{2}です(下図)。

電荷の実体は正の原子核の核子(陽子)と負の電子ですが、磁場に関しては単極の磁荷の実体としての元素(磁子)は存在しません。磁石の内部では磁気分極した原子の電荷の回転により双極磁場の寄せ集めとしての磁石の磁場が作られます。実際には、多くの電子自身の量子力学的なスピン(古典的な回転とは異なる)の合成として、全体的な双極磁場が作られ、磁石の磁場を形成しています(13参照)。

要点BOX

- ●磁気双極子に加わる力(偶力)のモーメント
- ●磁石の磁気能率は双極の磁荷とその距離との積
- ●円電流の磁気能率は電流値と円の面積との積

力のモーメントと双極子モーメント

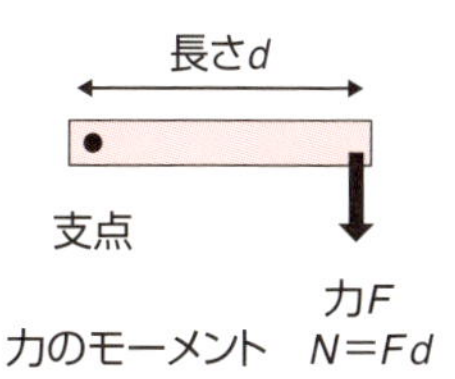

力のモーメント　$N=Fd$

電場中の電気双極子

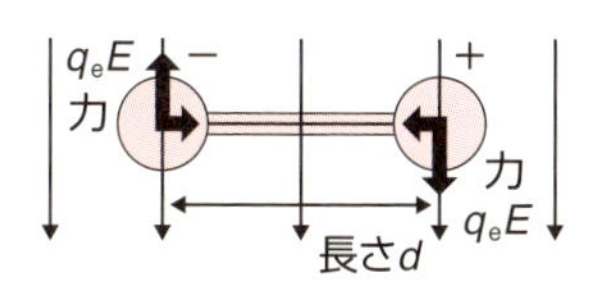

力(偶力)のモーメント　$N=q_eEd=m_eE$

電気双極子モーメント　$m_e=q_ed$

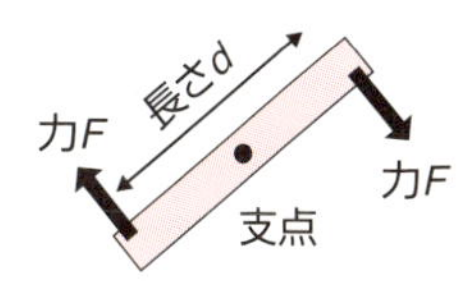

力(偶力)のモーメント　$N=Fd$

磁場中の磁気双極子

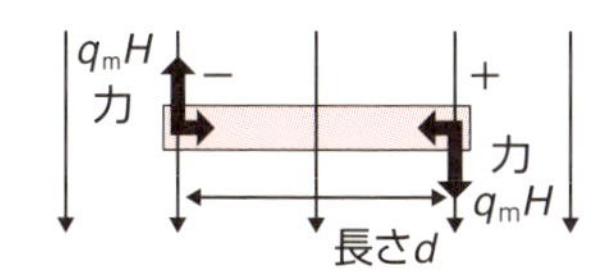

力(偶力)のモーメント　$N=q_mHd=m_mH$

磁気双極子モーメント　$m_m=q_md$

磁気モーメント(磁気能率)

●磁荷のクーロンの法則を基礎とした定義
($E-H$対応)

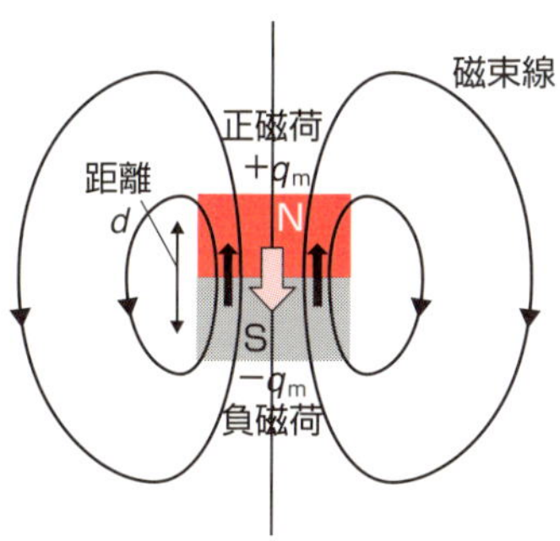

磁石の
磁気モーメント
$m=q_md$ (単位:Wb·m)

磁石の外側の磁場は、
磁荷量の大きさと
正負磁荷の距離とに比例します。

●電流の電磁力を基礎とした定義
($E-B$対応)

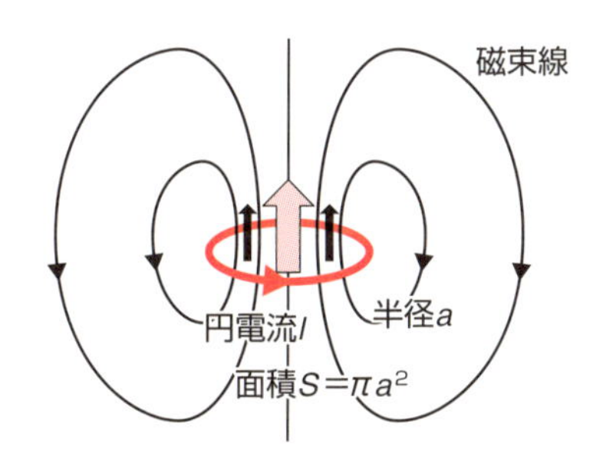

円電流の
磁気モーメント
$m=IS$　(単位:A·m^2)

円電流の外側の磁場は、
円電流の大きさと
円の面積とに比例します。

13 原子スピンの磁石モデルとは？

磁石の双極子構造は、磁石の量子力学的なミクロな内部構造から作られていることがわかっています。

原子スケールで生まれる磁気双極子の「磁気モーメント（磁気能率）」は、以下の3つの合計で決まります。①電子のスピン（自転）、②電子の原子核周りの円軌道回転、そして、③原子核の中の陽子（プロトン）のスピンです。物体が磁性を持つ最大の寄与は、電子自身のスピン効果です。原子核によるスピンの寄与はほとんど無視することができ、電子の円軌道運動によるスピンも大きくありません（上図）。

電子が実際に物理的に自転することにより磁気モーメントが生成されるためには、古典的な考え方では光の速度を超える速さが必要になってしまいます。現代の理論では、基本粒子には質量と電荷があるように、スピン磁気モーメントがあると考えられています。

原子中の電子は、原子核の周りの特定の場所（電子殻）に存在しており、原子核に近い順にK殻（主量子数$n=1$）、L殻（2）、M殻（3）、N殻（4）・・・と呼ばれ、それぞれの殻に入る電子の数は$2n^2$個であり、電子軌道はs軌道（電子数2個）、p軌道（6）、d軌道（10）、f軌道（14）・・・と名づけられています。

電子のスピンは上向きと下向きとの2通りがあり、電子が完全に満たされている軌道では上下同数の電子対となって入ります。この場合には磁気モーメントはゼロになります。鉄元素の場合には、26個の電子のうち、3d軌道以外の軌道では電子が充満されています。2人の席の並んだ「バス席」では1人ずつ埋まるように、電子が軌道に入るときは対とならないように入る規則（フントの規則）があります。鉄元素の充満していない3d軌道では、最大で4個の対にならない電子（不対電子）が存在します。この不対電子のスピンと電子の軌道回転との相互作用が鉄の磁性を決めています（下図）。

要点BOX
- ●原子の磁気モーメントの起源は、電子のスピン、電子の軌道回転、原子核のスピン
- ●不対電子の数が元素の磁性を決める

原子のスピン

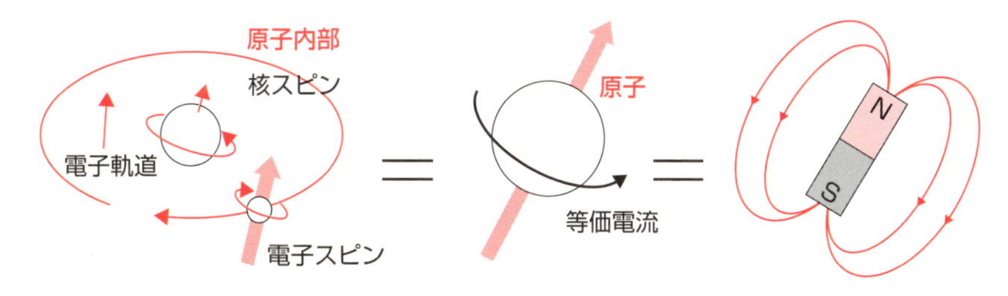

原子内部の種々のスピン　　原子の磁気　　棒磁石の磁気

電子や原子核は電荷を持っており、自転や円軌道のそれぞれ固有の角速度で回転(スピン)しています。
　①電子のスピン
　（古典的な回転ではありません）
　②電子の軌道スピン
　③原子核のスピン
磁性体では①の寄与が最大で、③は無視できます。

原子のスピンは、その軸の周りを流れる電流（電子の回転と逆方向）と同じ効果を持っています。これはコイルに電流が流れる現象と同じで、等価的に棒磁石のような性質を持っています。

2通りの電子スピンと電子配置

●電子スピンは2通り

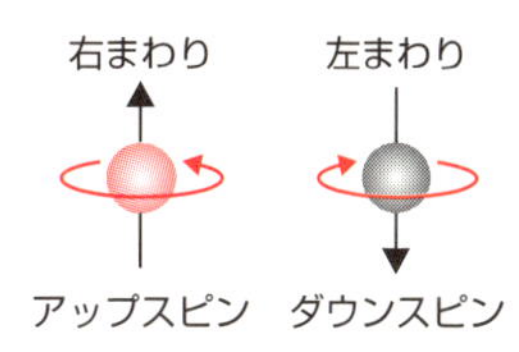

●鉄では3d軌道での不対電子が磁性の源

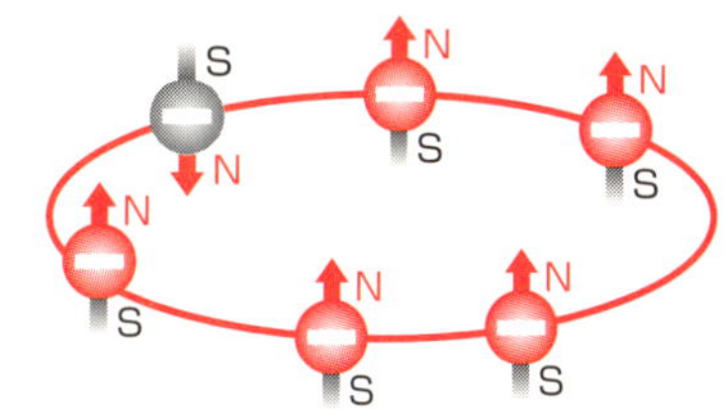

3ｄ軌道（最大10個）に満たされる電子は５個までは上向きスピンで、６個から下向きスピンの電子が満たされていきます。

鉄元素の電子数は２６個で、軌道は
　Ｋ殻 1s(2個)
　Ｌ殻 2s(2個) 2p(6個)
　Ｍ殻 3s(2個) 3p(6個) 3d(6個)
　Ｎ核 4s(2個)
Ｍ殻の3d軌道（最大10個）が充満されていません。

「バス席の規則（フントの法則）」に対応して3dの6個の電子のうち、1対だけが上下スピン電子で4個が不対電子です。

14 なぜ鉄は磁石にひきつけられる？

磁気誘導とモーゼ効果

磁石はN極とS極との1対でできており、N極近くではS極の物が引きつけられます。一方、通常は磁気を帯びていない釘などの鉄が、磁石に引き寄せられます。これは鉄などの物質が磁界の中に置かれたとき、磁気を帯びたためと考えられます。このような現象を「磁気誘導」と言い、静電気における「静電誘導」の現象と似ています（上図）。

物質が磁界の中に置かれたとき、磁気を帯びる性質を持つものを一般に「磁性体」と呼びます。これは静電気の場合の「誘電体」に対応します。

磁場がない場合には物質を構成する原子のスピンはばらばらですが、外部から磁場を加えると、一部の原子のスピンの方向がそろい、物質全体としての巨視的磁化が変化します。物質内部の磁束密度と外部の磁束密度との比較で磁性体の分類がなされています。巨視的磁化の方向が外部磁場と同じであり、磁化が弱い場合が「常磁性体」であり、磁化は弱いが向きが逆である場合が「反磁性体」です。一方、ほとんどの原子のスピンの方向がそろい、巨視的磁化が強く、物質内部の磁束密度が大きくなる場合が「強磁性体」です（中図）。強磁性体では外部磁場をなくしても磁化が残っており、鉄、コバルト、ニッケルなどの物質が相当します。

反磁性物質は鉄とは異なり、磁場に対して逆の磁気誘導がなされ、斥力が働きます。水は反磁性であり、局所的に強い磁場を印加すると水面が低くなります。旧約聖書「出エジプト記」の海の水を割るエピソードにちなんで「モーゼ効果」と呼ばれています（下図）。水の磁化率は－9×10^{-6}であり、反磁性の磁気圧で数メートルの水の圧力を超えるには百テスラほどの磁場の強さが必要となります。リンゴは水分を含んでいますので、強力な磁場によりリンゴを浮かすことも不可能ではありません。しかし、実際にそのような強力な磁場を一定時間作るのは困難です。

要点BOX
- ●電気で静電誘導、磁気では磁気誘導
- ●磁化率χで常磁性、反磁性、強磁性を分類
- ●水は微弱な反磁性（モーゼ効果）

静電誘導と磁気誘導

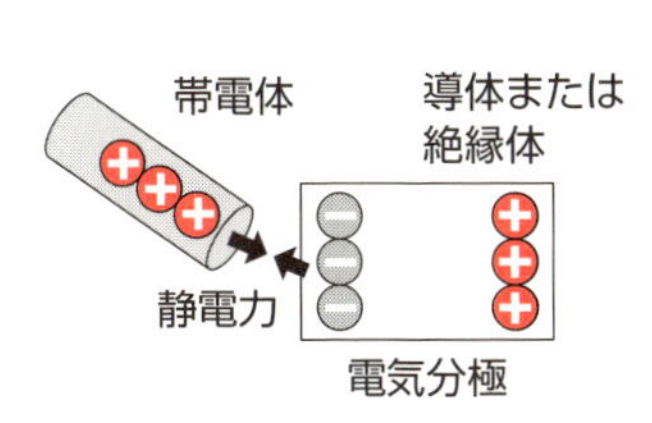

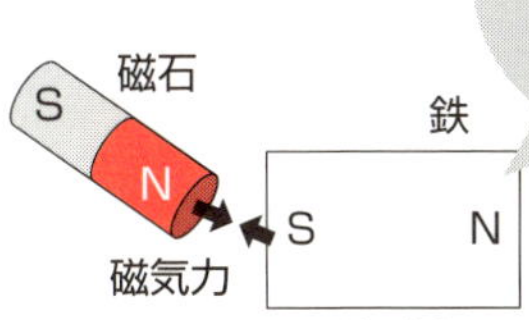

磁気分極（磁化）の内部は、ミクロな磁石の集まりです。

磁性体の磁化の比較

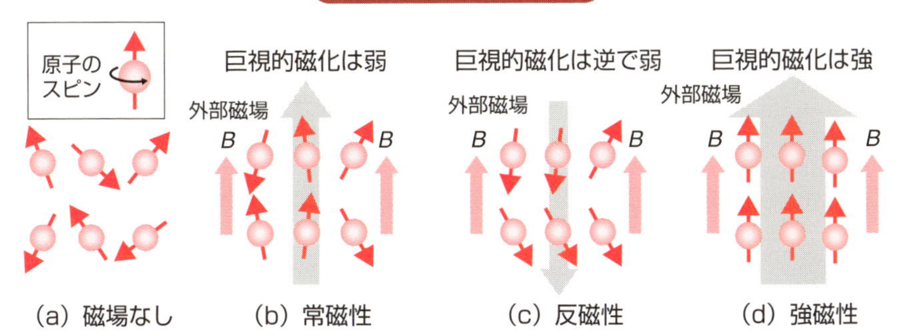

水の反磁性効果（モーゼ効果）

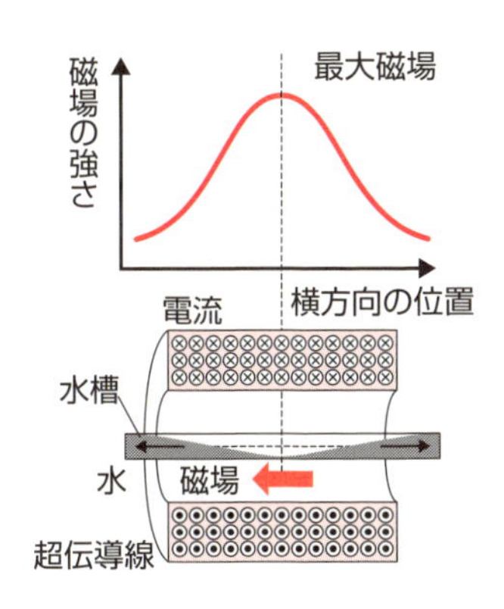

旧約聖書「出エジプト記」のモーゼ

15 磁区と磁気ヒステリシスの関係は？

強磁性体の最小単位「磁区」の変化

最初に磁化していない磁性体があったとします。これに磁場を加え磁界の強さを増加させていくと、磁気分極（磁化）が大きくなり、やがて飽和します。横軸に磁界強度H、縦軸に磁化M（または磁束密度B）を描いた曲線が「磁化曲線」です（上図）。飽和の状態から磁場を減少させていくと磁化曲線はもとの道筋をたどらず、磁化が残ります。これを「磁気ヒシテリシス（磁気履歴）」と呼びます。

この曲線から磁石の性能を表す４つの特徴的な値が定義できます。外部磁界強度を大きくした時の磁束密度としての「飽和磁束密度」、外部磁界をゼロにしたときの「残留磁束密度（残留磁化）」、そして、磁石内の磁束密度がゼロになるときの磁界強度としての「保持力」です。残留磁束密度と保持力との組み合わせの指標として、減磁曲線でのH（磁界強度）とB（磁束密度）との積が最大となる値（BH）$_{MAX}$も用いられます。これは「最大エネルギー積」と呼ばれています。

ヒステリシス現象を理解するには、磁性体のミクロな内部構造の変化を考える必要があります。原子の磁気モーメントがすべて平行に並んでいる小さな領域の集合は「磁区」とよばれ、その区切りを「磁壁」と呼びます。磁壁が移動することで磁化が強くなります。これは顕微鏡でも確認されています。初期の磁化過程では複数の磁区が押し合いながら移動するので、微視的には磁化曲線はギザギザとしたものになります。そのときに電磁的な雑音が発生します。これは「バルクハウゼン効果」として知られています。

磁気ヒシテリシスの現象の利用に「船体消磁」があります（下図）。潜水艦などは磁化していると磁場の乱れで発見され、磁気感応式機雷に反応してしまう可能性があります。船のまわりに大きなコイルを巻いて、極性を変えながら電流を弱くしていき、残留磁化をゼロにするのです。

要点BOX

- ●磁気ヒステリシス曲線から、飽和磁束密度、残留磁束密度、保持力、最大エネルギー積を定義
- ●磁化とは磁区の磁壁の移動現象

磁気ヒステリシス曲線

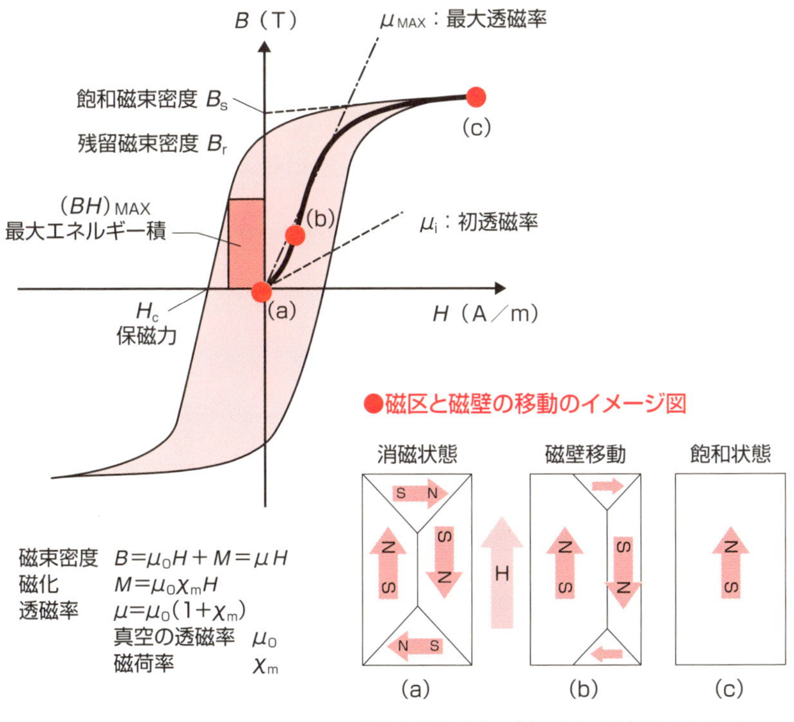

磁束密度　$B=\mu_0 H+M=\mu H$
磁化　$M=\mu_0 \chi_m H$
透磁率　$\mu=\mu_0(1+\chi_m)$
真空の透磁率　μ_0
磁荷率　χ_m

船体の交流消磁

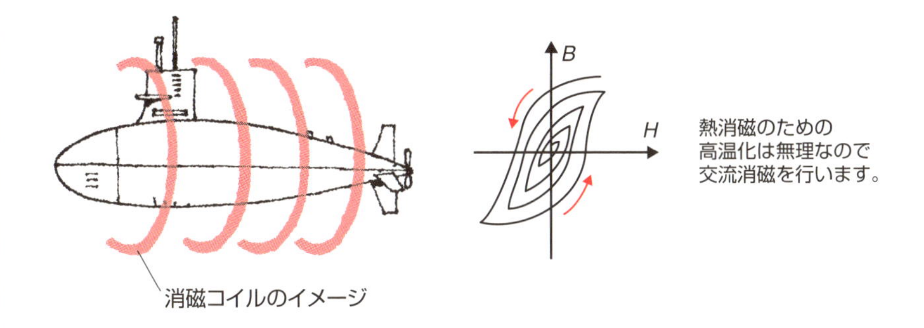

16 フェロ磁性とフェリ磁性との違いは?

鉄とフェライト(酸化鉄)

外部から磁場を加えなくとも、ある特定の温度(転移温度)よりも低い温度で外部磁場を加えなくても磁化(自発磁化)している物質を「磁性体」と言い、特に強い磁性を示す物質が「強磁性体」です。磁化のしやすを示すのにギリシャ文字のカイ(χ)を用いた磁化率χがあります。磁界強度Hによる磁気誘導容量としての磁束密度Bは、Hの(1+χ)倍で表されます。χがほぼゼロである物質が「弱磁性体」であり、χが1以上の大きな値になる物質が「強磁性体」です(上図)。

弱磁性体としての常磁性体と反磁性体とは、外部磁場を加えた場合の電子スピンとしての磁気モーメントの配列が異なります。磁場を加えない場合での自発磁化として、マンガン、クロムなどの反強磁性物質では、磁気モーメントは反平行となり弱磁性となっています。

強磁性体では、広い意味ではフェロ磁性(磁石によく吸引される鉄やニッケルなどの持つ磁性)とフェリ磁性(酸化鉄を主成分とするフェライトなどが持つ磁性)とがあります。2つの強磁性の違いは結晶の磁性イオンのスピン(磁気モーメント)の配置構造の違いに起因します(下図)。狭い意味での強磁性体とは「フェロ磁性体」のことであり、互いに平行な磁気モーメント(スピン)で自発的に磁化がなされています。ここで、フェロ(ferro-)とは「鉄(第1鉄)」を意味しています。単体のフェロ磁性物質としては、鉄、コバルト、ニッケルなどがあります。

一方、フェライトなどの「フェリ磁性体」とは、結晶中に一方向のスピンを持つ磁性イオンとおよそ逆方向のスピンを持つ磁性イオンの2種類が存在し、2つの磁化の強さが異なるために全体として2つの磁化の差としての磁化が表れる磁性のことです。接頭語としてのフェロ(ferri-)も「鉄(第2鉄)」を意味しています。

要点BOX

- 強磁性と弱磁性とは磁化率で分類
- フェロ磁性体は狭い意味での強磁性体
- フェリ磁性体は反平行の2種のスピンで構成

弱磁性、強磁性の分類

分類	磁化率χ(註)	種類	例
弱磁性	小　$0<\chi<<1$	常磁性	アルミニウム、ナトリウム、カリウム
		反強磁性	マンガン、クロム、酸化マンガン、
	小　$-1<<\chi<0$	反磁性	銅、水銀、銀、鉛、炭素、ビスマス、水
強磁性	大　$1<<\chi$	フェロ磁性	鉄、コバルト、ニッケル、アルニコ磁石
		フェリ磁性	フェライト、磁鉄鉱(マグネタイト)

(註)$B=\mu_0(1+\chi)H$　透磁率$\mu=\mu_0(1+\chi)$
真空では磁化率$\chi=0$

磁性体の電子スピンのイメージ図

●常磁性および反磁性

磁場なし

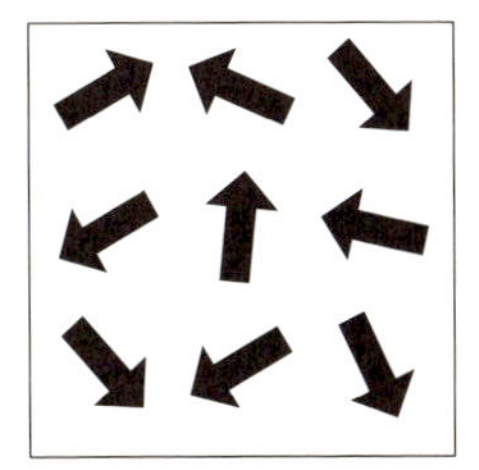

磁気モーメントを持つミニ磁石の方向はバラバラです。

●常磁性

磁場

加えた磁場に沿って磁気モーメントが平行に並びます。

●反磁性

磁場

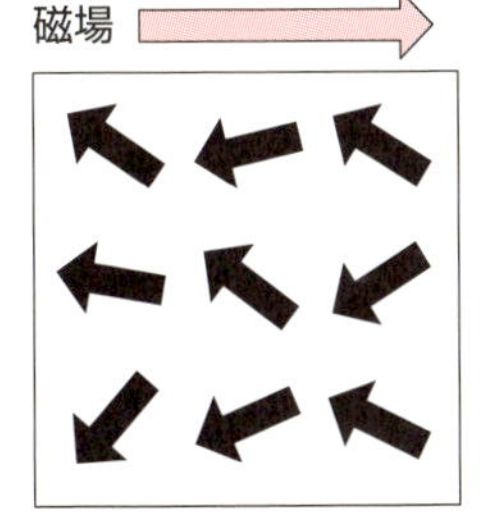

加えた磁場に沿って磁気モーメントが反平行になります。

●フェロ磁性(狭義の強磁性)

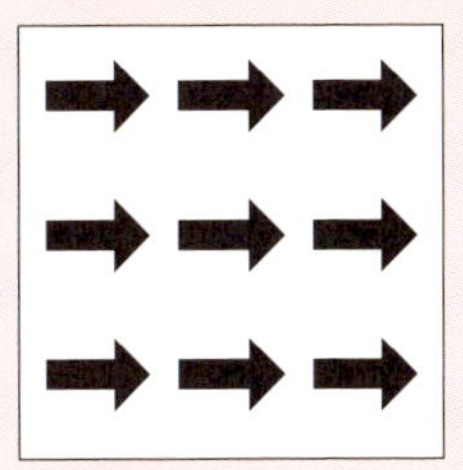

平行な磁気モーメントにより自発磁化ができています。

●フェリ磁性

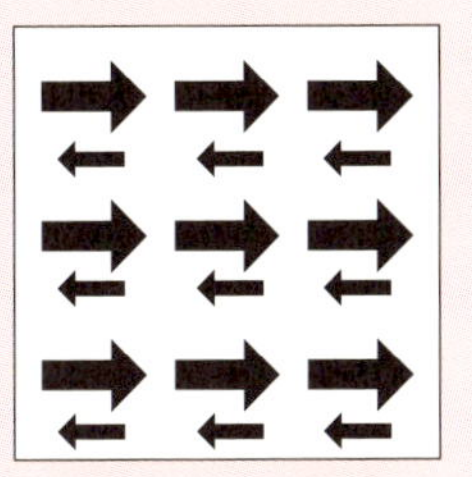

反平行の大小の磁気モーメントで自発磁化ができています。

●反強磁性

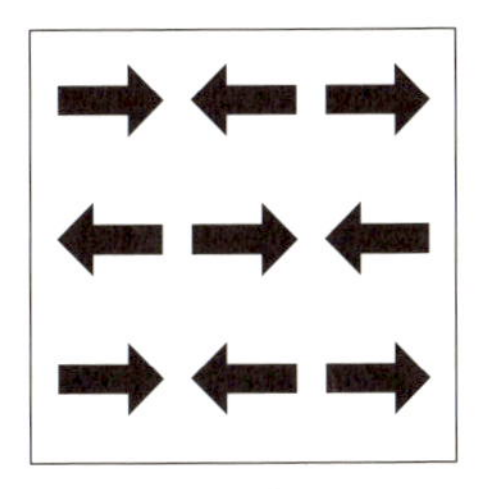

反平行の磁気モーメントで自発磁化が弱くなっています。

17 磁気歪みとキュリー温度とは？

強磁性体の形状変化と転移温度

強磁性体磁石の磁気力の原因は、電子のスピンに起因する原子のミクロな磁石が一斉に一つの方向を自発的に向くことによるものです。しかし、温度が十分高くなると、ミクロな磁石がバラバラな方向を向くようになり、磁気が失われてしまいます。強磁性体の自発磁化が失われて常磁性体に変化する磁気転移温度を「キュリー温度」と言います（上図）。ポーランドのキュリー婦人の夫のピエール・キュリーにより1895年に発見されました。鉄のキュリー温度はおよそ770℃、フェライトはおよそ500℃であり、一度なくなった磁力は温度を下げても戻りません。一方、反磁性体の磁気転移温度はフランスの物理学者ルイ・ネールにちなんで「ネール温度」と呼ばれています。

強磁性体が磁化するときにかすかに変形することが知られています。これは磁歪（じわい）効果または磁気歪み効果とよばれており、熱力学で有名なジェームス・ジュールが1842年に発見しており、磁気ジュール現象とも呼ばれています（下図）。

普通の金属の結晶では、電子と原子核の間では電気的な力が作用しているため、軌道が変化すると原子核の位置も変化し、かすかな歪みが発生します。磁場印加により原子サイズの微小磁石のNS極がそろうために歪みも結晶全体で同じ方向にそろうので形状が変化します。磁歪による寸法変化は、わずか百万分の1かまたは十万分の1（1〜10ppm）でしかなく、100mの長さに対してわずか0.1または1mmほどしか伸びません。近年、変位量が従来の千倍の1000ppm以上にもなり、長さ1mで数mmの変位が得られる材料（超磁歪材料）が開発されてきています。

逆に、強磁性体に引張力や圧縮力としての力学エネルギーを加えると、磁気エネルギーとしての磁化の強さが変化します。これは逆磁歪効果、または、ビラリ効果と呼ばれています。

要点BOX
- ●キュリー温度以上では磁気が失われます
- ●磁場印加により、磁歪効果（磁気ジュール効果）で数十万分の1の変形

磁化の温度変化と転移温度

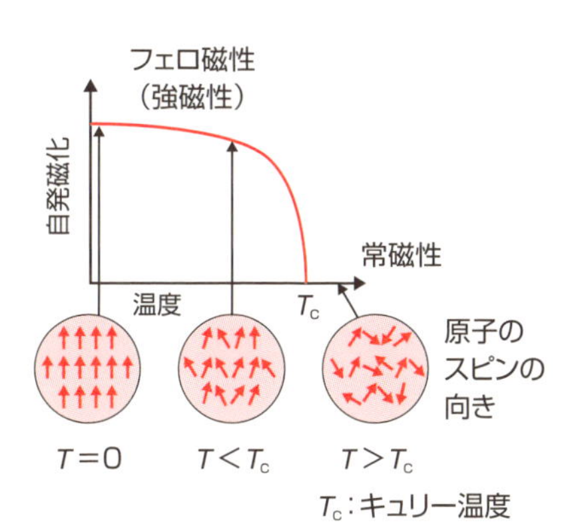

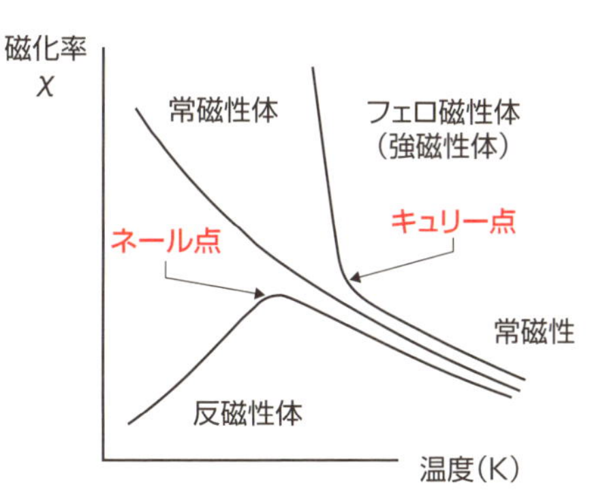

磁歪(じわい)効果

●磁気ジュール効果(磁歪効果)

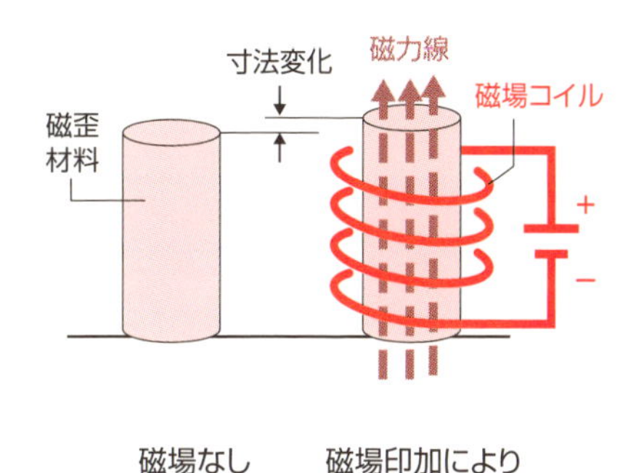

●ビラリ効果(逆磁歪効果)

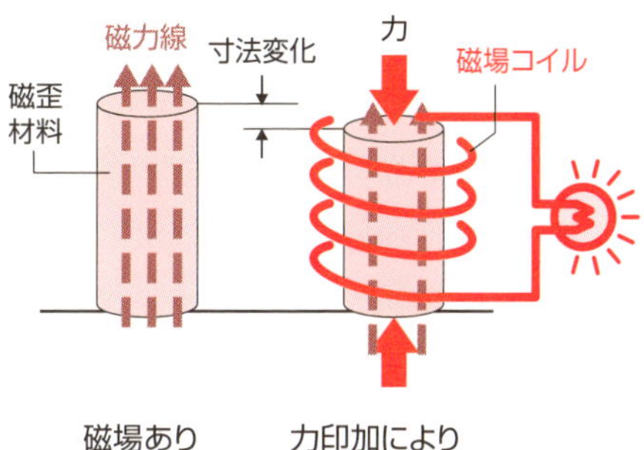

磁気(磁界)を加えると、寸法が変化します。

圧力を加えると、透磁率が変化します。

Column

磁石で加速する？映画「容疑者Xの献身」

映画やテレビドラマでの「ガリレオ」シリーズでは、奇怪な様々な現象が取り扱われています。レーザ光線と自然発火、蜃気楼での光の屈折と幽体離脱、建物の共鳴周波数の振動とポルターガイスト、ER(電気粘性)液体と自殺偽装など、最新の物理や電磁気・電磁波の科学が謎解きとして登場します。

ガリレオシリーズの映画「容疑者Xの献身」では、天才物理学者としての湯川准教授(福山雅治)が、友人の天才数学者石神との対決を通じて事件を解明していく物語です。

映画の最初に、湯川准教授が鉄球とネオジム磁石を用いた「ガウス加速器」の原理(47参照)を説明しています。磁石に引きつけられ、加速された鉄球が磁石とぶつかり、エネルギーと運動量を保存しながら衝突して磁場のエネルギーが運動エネルギーに変換され、反対側の端の鉄球を加速します。

映画では、帝都大学にて超伝導電磁石を用いた大規模実験の様子が映し出されます。これは、強力な電磁石を加速する鉄球に同期させて運転する「コイルガン」加速器に相当します。

「レールガン」は電流と磁場とのローレンツ力を利用する加速(47参照)ですが、それとは異なり、コイルガンは鉄球を引きつける磁力を利用する方式であり、リニアーモータの原理(48参照)と同じ直線的加速のメカニズムを利用しています。

世の中には摩訶不思議な現象が充満していますが、その謎が科学技術の力で解明されて行きます。テレビドラマ映画での「トリック」シリーズでの女奇術師(仲間由紀恵)と上田教授(阿部寛)との推理の明快さに通じるものがあります。

天才物理学者(?!)による
コイルガン加速実験

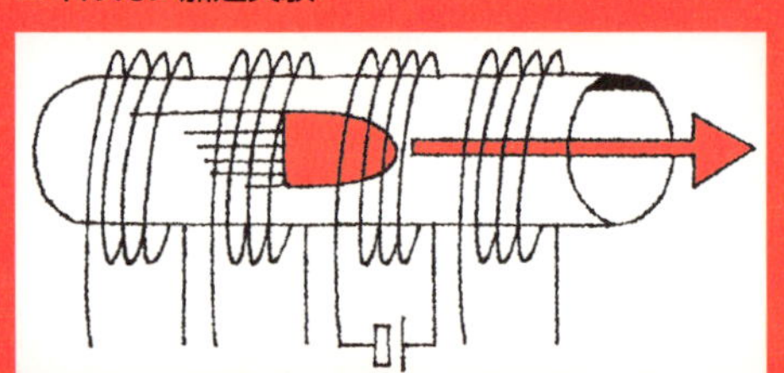

「容疑者Xの献身」
原作:東野圭吾(2005年)
監督:西谷弘
主演:福山雅治、柴咲コウ
配給:東宝
公開:2008年10月

第3章 制御しやすい電磁石の基礎

18 直線や円電流による磁場は？

電流に比例し、半径に反比例

永久磁石は常に同じ方向で同じ強さの磁場を利用するのに有用ですが、磁場の強さを変化させるには磁石を遠ざける必要があります。同じ場所で磁石を動かさずに磁場の強さを変化させるには、コイル電流で磁場の強さを変えることができる電磁石が利用されます。まず、直線電流により作られる磁場を考えてみましょう。電流の方向を右ネジの進む方向とすると、右ネジの回る向きに磁場が生じます。これを「右ねじの法則」と呼びます。電流のまわりの磁場の強さは、電流からの距離に反比例して弱くなります。

一般的に、電流を囲む経路で接線方向の磁場の強さを加えていくと経路の面を通貫する電流値の合計に比例します。これをアンペールの法則（6参照）と言い、電流と磁場に関する重要な法則です。特に無限長の直線コイルの場合には、対称性から磁場の強さ（磁界強度Hまたは磁束密度B）は電流からの半径の距離rの場所では一定であり、電流Iに比例し距離rに反比例します（上図）。

半径aで電流Iのリング状の電流の場合には。磁場は双極磁場と呼ばれ、中心の磁界強度は電流値Iに比例しコイル半径aに反比例します（下図）。これは微小電流素片から得られる磁場成分に関するビオ・サバルーの法則から導き出すことができます。

ここでは、磁界強度Hと磁束密度Bとの両方の式を示しました。電場の場合には、実体としての電荷が存在するので、電束密度Dではなく、電界強度Eを基準とするのが自然ですが、磁場の場合には、単極の磁荷は実在しないので（宇宙での存在の可能性は66参照）、磁荷のクーロンの法則を基礎とした磁界強度Hではなく、ローレンツ力による法則を基礎とした磁束密度Bを基本とするのが一般的です。これはEB対応の単位系と呼ばれています（8参照）。この考えに立って、Eを「電場」、Bを「磁場」と呼ぶことがあります。

要点BOX
- ●無限直線電流による磁場は半径に反比例
- ●円電流による中心磁場は電流の半径に反比例
- ●磁荷ではなく電流を基準として磁場単位を定義

直線電流の作る磁場

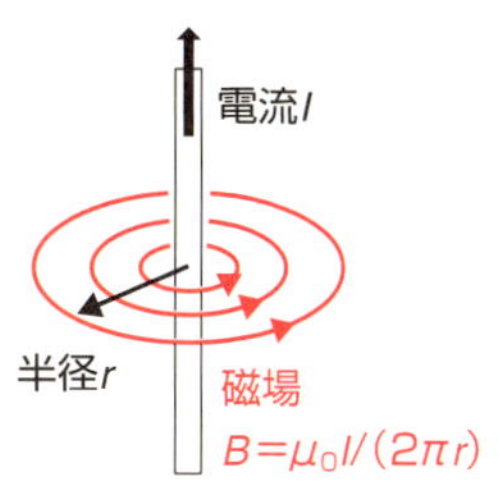

磁場は右ねじの方向に生成されます。

半径rでの磁界強度Hと磁束密度Bは

$$H\,[\mathrm{A/m}]=\frac{I}{2\pi r}=0.159\ \frac{I[\mathrm{A}]}{r[\mathrm{m}]}$$

$$B[\mathrm{T}]=\frac{\mu_0 I}{2\pi r}=2\times10^{-7}\ \frac{I[\mathrm{A}]}{r[\mathrm{m}]}$$

ここで、$\mu_0=4\pi\times10^{-7}\,[\mathrm{T\cdot m/A}]$

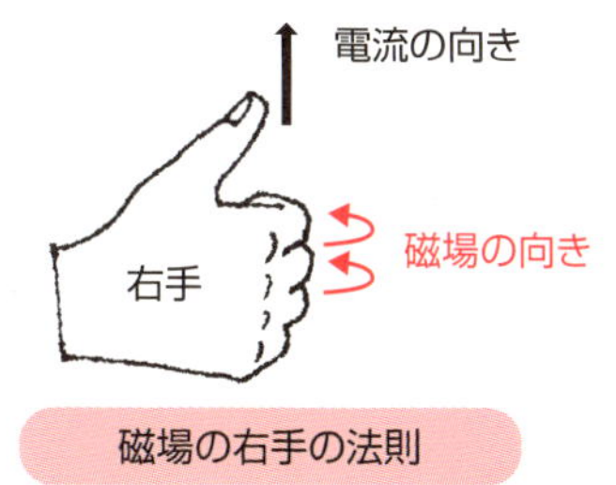

磁場の右手の法則

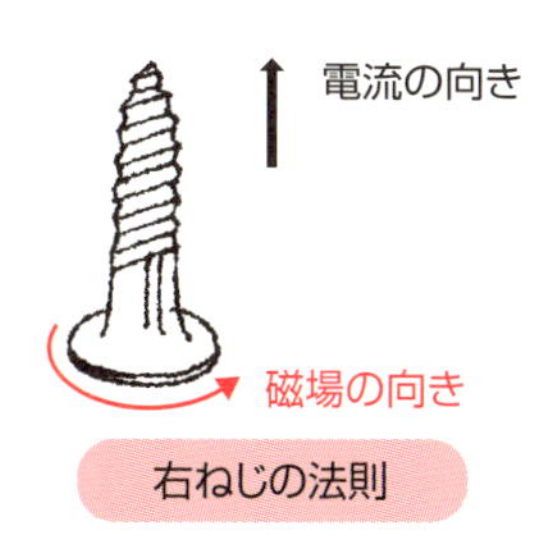

右ねじの法則

円電流の作る磁場

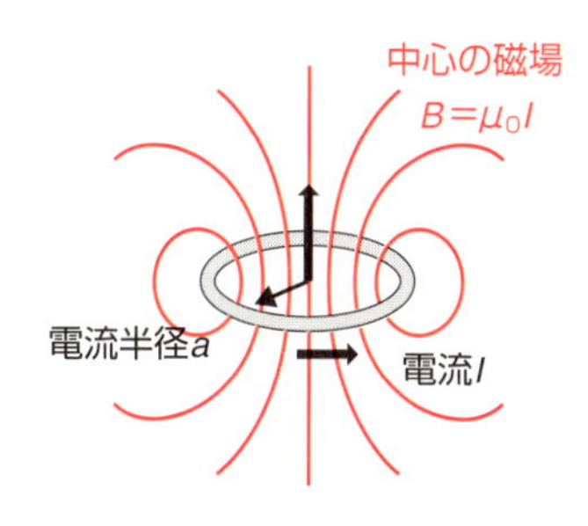

右ねじの方向に電流がある場合、生成される磁場の方向はねじの進む方向です。

円中心での磁界強度Hと磁束密度Bは

$$H\,[\mathrm{A/m}]=\frac{I}{2a}=0.5\ \frac{I[\mathrm{A}]}{a[\mathrm{m}]}$$

$$B[\mathrm{T}]=\frac{\mu_0 I}{2a}=6.28\times10^{-7}\ \frac{I[\mathrm{A}]}{a[\mathrm{m}]}$$

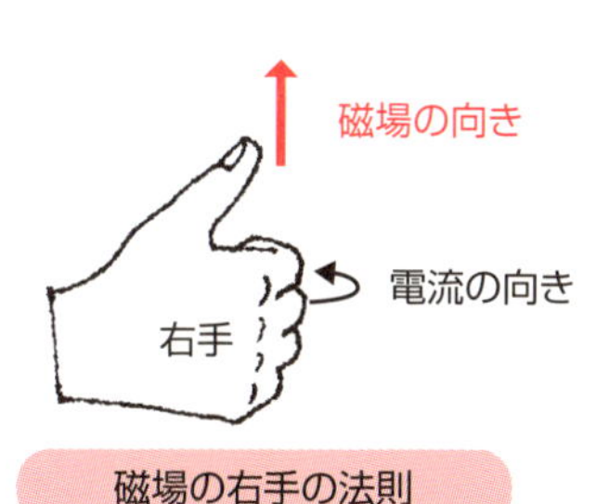

磁場の右手の法則

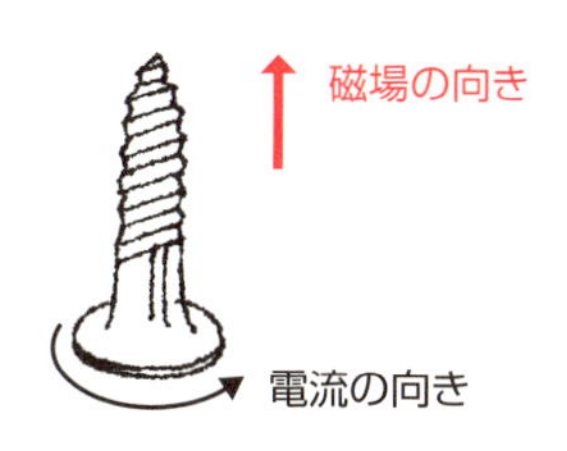

右ねじの法則

19 ソレノイドコイルによる磁場とは？

単位巻き数に比例

電磁石を簡単に作る方法は、鉄の釘の上に絶縁用の紙を巻き、その上にニクロム線を多数回巻くことです。そのニクロム線に電流を流せば電磁石となります。

円筒状に巻かれたコイルはソレノイドコイル（管状巻線）と呼ばれており、長いソレノイドコイルの場合には内部磁場は一様であり、内部磁場の強さH、または磁束密度Bは1mあたりの巻き数nとコイル電流Iとの積に比例します。磁場の向きは右ねじの法則（右手の親指の方向）で表すことができます（上図）。

強い電磁石を作るには、透磁率の大きな鉄心を用い、単位長さあたりのコイルの巻き数を多くして、一本のコイルの電流値を大きくする必要があります。

直線型のソレノイドコイルでは磁力線が端から広がって、磁場が弱くなってしまいます。また、磁場が漏れて外部に影響を及ぼしてしまいます。それを防ぐには端をつなげてドーナツ状にした環状ソレノイド状のトロイダル磁場コイルを作ることになります（下図）。トロイダルコイルは、核融合発電（50参照）や、超伝導磁気エネルギー貯蔵（SMES）（49参照）に利用されています。ただし、直線ソレノイドコイルの一様な磁場と異なり、ドーナツの中央の中心軸からの距離Rに反比例して外側の磁場が弱くなります。

2本の同じ方向の電流では、片方の電流からの磁場が他方の電流との作用でお互いに引き合います。電線の間の磁場が外側よりも低くなるのでお互いに引き合うと考えることもできます。逆方向の平行電流の場合には、逆に間の磁場が外よりも強くなり、反発し合います。したがって、直線型のソレノイドコイルには、半径方向に膨れる力と、軸方向に収縮する力が働きます。円環ソレノイドコイルでは、小半径方向に膨張すると同時に、中心軸方向に収縮することになります。非常に高い磁界強度のコイルでは、これらの力に耐えるような支持構造が必要です。

- ●ソレノイドコイルは円筒状に巻かれたコイル
- ●トロイダル磁場コイルは環状ソレノイドコイルで、磁場の強さは中心軸からの距離に反比例

直線ソレノイド電流の作る磁場

●ソレノイドコイルの磁場の強さ

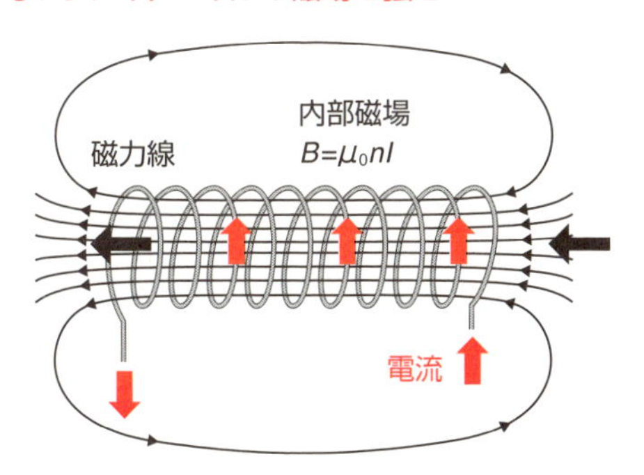

1mあたりの巻き数をn[回/m]、
コイル電流をI[A]とすると内部磁場の
強さHはH[A/m]$=nI$となります。

また、コイル内部の磁束密度B[T]は
$B=\mu_r\mu_0 nI$　であり、
B[T]$=4\pi\times10^{-7}\mu_r n$[m^{-1}]$I$[A]です。

ここで、μ_0は真空の透磁率であり、
μ_rは鉄芯の比透磁率です。

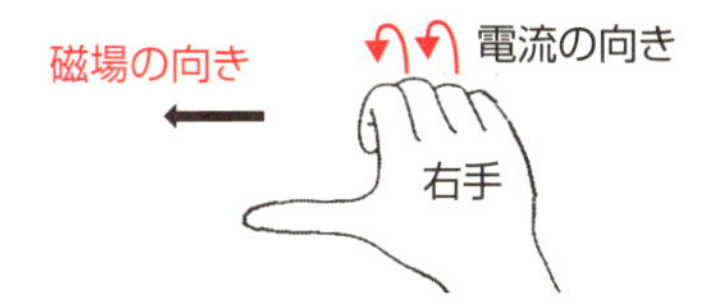

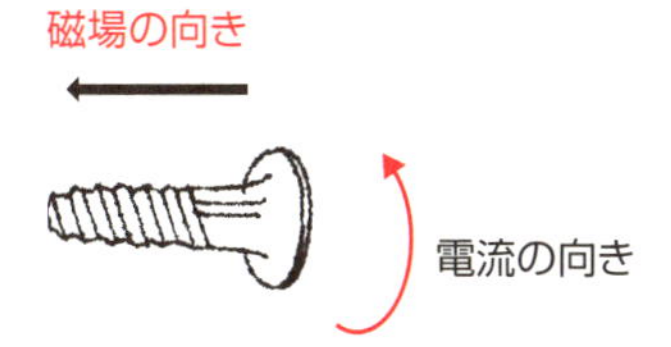

トロイダル磁場コイルの構造と磁場

●ソレノイドコイルの磁場の強さ

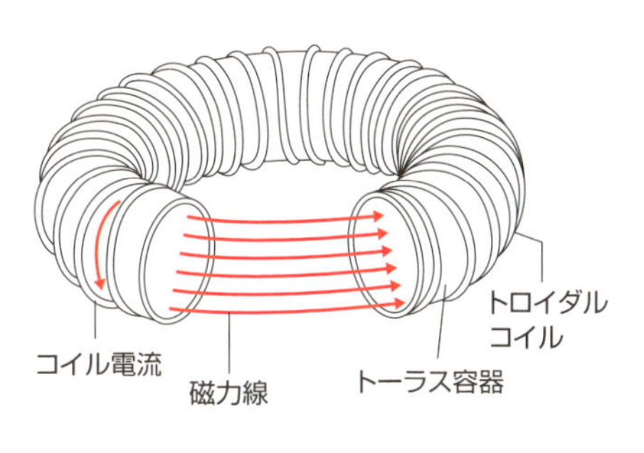

トーラス(円環)容器の上に
トロイダルコイルを巻き、
内部にトロイダル磁場を
発生させます。

●トロイダル磁場の強度の断面分布

コイルに加わる磁気力
磁力線
磁界の強さ
磁界の強さの
変化
$-a$　0　a

磁界強度は中心軸かの距離に
反比例します。
コイルに加わる磁気力は
膨張する方向であり、
中心部分で大きくなります。

20 直流の電動機と発電機とは？

フレミングの左手と右手の法則

電気や蒸気、水力、風力などにより動きを作る機械を一般的に「原動機」または「モータ」と呼びます。狭い意味でのモータは電気モータの意味の「電動機」を指します。磁場中で電流が受ける力（ローレンツ力）を利用し、電気エネルギーを回転などの力学エネルギーに変える装置です。逆に、力学エネルギーなどを電気エネルギーに変換するのが発電機（ジェネレータ）であり、基本原理は逆です。

モータの電源は直流（DC）か交流（AC）か、交流では単相か3相かの区別があります。図には直流での発電機と電動機の原理を示します。両者の構造は原理的に同じであり、外部から直流の電気エネルギーを与えてフレミングの左手の法則に従う電磁回転力を発生させるのが直流電動機であり、外部からの回転力を与えてフレミングの右手の法則に従う誘導起電力を発生させるのが直流発電機です（上図）。

ACモータは動作原理から同期モータと誘導モータとに分類できます。一方、DCモータでは整流子付きモータ、無整流子モータ、ステップモータに分類できます（中図）。モータの部品としては、ロータ（回転子）とステータ（固定子）があり、電磁石コイルか永久磁石が使われます。

DCモータでロータにコイルを用いた場合には、DC電源では整流子とブラシが必要になります。下図のブラシ付きモータでは、2極の定磁場のステータと3極の可変磁極のロータとの相互作用で回転力が生まれます。ブラシ付きモータでは高効率ですが、ブラシが摩耗するので交換が必要になります。

ロータに永久磁石を使い、ステータに巻線を使えば、整流子とブラシをなくすることができます。このブラシレス（ブラシなし）モータではブラシの交換が不要で長寿命です。ただし、駆動や回転制御のためにインバータ回路により直流からコイル制御電流を作る必要があり、高価になります。

要点BOX

- ●モータの原理はフレミングの左手の法則
- ●発電機の原理はフレミングの右手の法則
- ●ブラシレスモータはロータが永久磁石

直流の電動機と発電機の原理

●フレミングの左手の法則

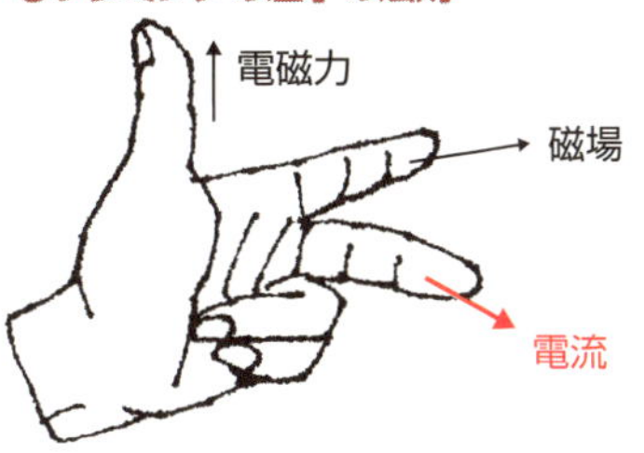

●フレミングの右手の法則

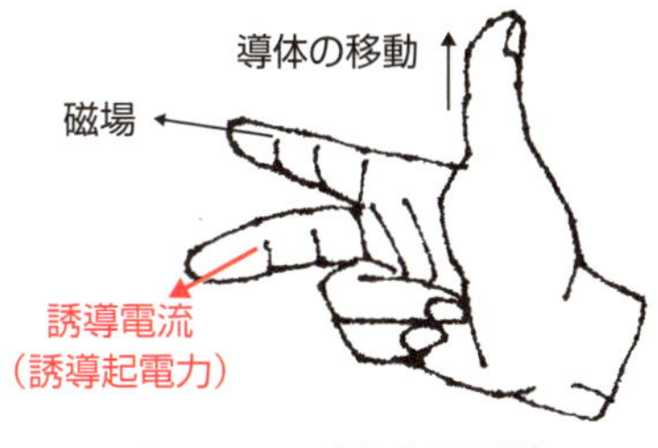

●DCモータ（直流電動機）

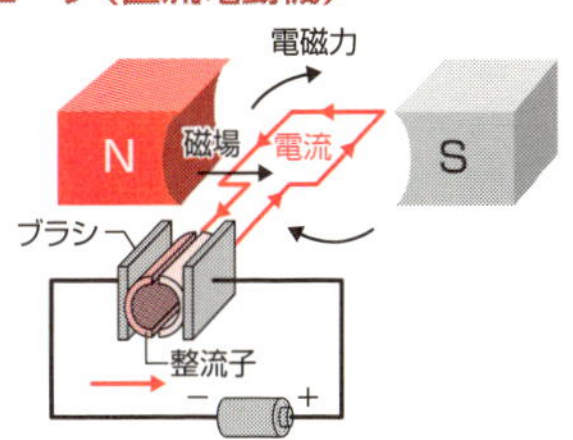

●DCジェネレータ（直流発電機）

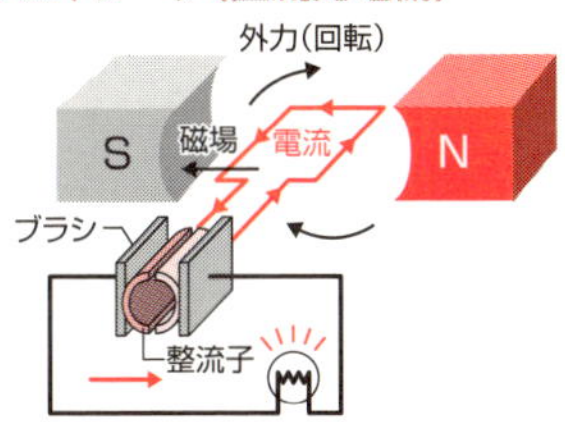

電動機（モータ）の種類

●直流（DC）モータ

整流子付きモータ
無整流子モータ
ステッピングモータ
（パルスモータ）

●交流（AC）モータ

同期モータ
誘導モータ

ブラシ付きとブラシレスDCモータ

●ブラシ付きDCモータ

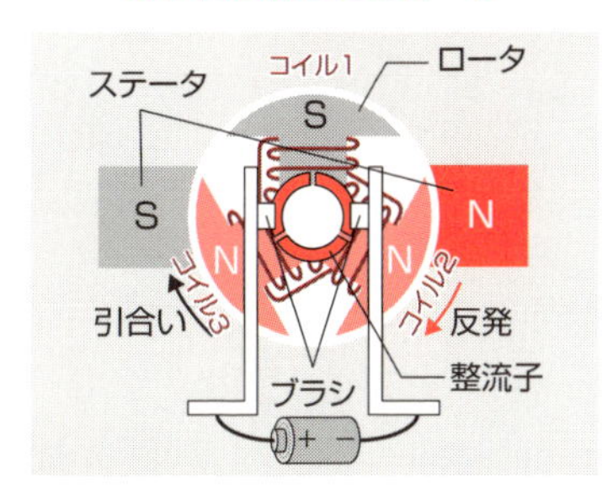

ロータに電磁石を使用し
整流子とブラシで電流制御を行います。

●ブラシレスDCモータ

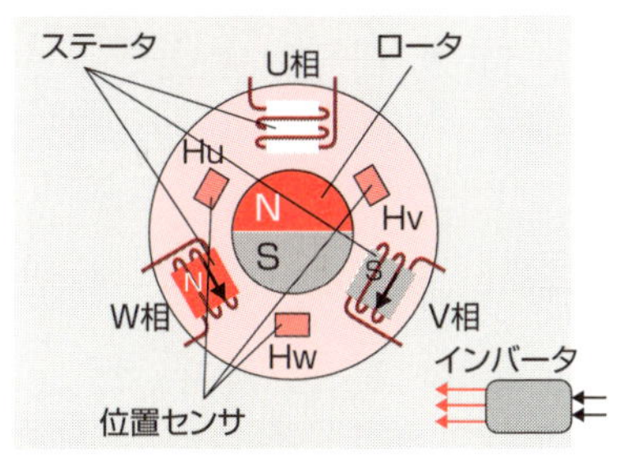

ロータに永久磁石を使用し
ステータの電磁石はインバータで
電流制御を行います。

21 交流の同期モータと誘導モータとは？

アラゴの円盤

　交流モータでは、交流電流により変動磁場を作り、磁力のトルクを利用してロータを回転させる事ができます。これは交流の周期に同期して動かす「同期モータ」です（上左図）。ロータには永久磁石が使われます。ステータの極数を多くしたり、周波数を高くしたりすることで回転速度を上げる事ができ、小型で高効率のモータが作れます。ただし、回転の開始に特別な工夫が必要となります。一方、円筒型やかご型ロータに流れる誘導電流とステータの交流コイル磁場とのトルクによりロータを回転させるモータを「誘導モータ」と呼ばれます（上右図）。誘導電流は回転磁界の速度よりすべり分だけ遅れて回転しますが、同期モータよりも高速回転が可能です。回転の開始も同期モータに比べて容易です。ただし、大型となり、誘導電流によるエネルギー損失があるので、同期モータに比べて効率が低くなります。

　誘導モータの動作原理は「アラゴの円盤」の原理に基づいています。１８２４年にフランスの物理学者フランソワ・アラゴが明らかにした現象であり、磁石を銅製の円盤に接近させ、磁石を回転すると円盤に発生した渦電流により円盤も回転する現象です。銅円盤には「電磁誘導の法則」および「レンツの法則」にしたがって、磁石の移動の前方は磁場が強くなるのでその磁場を減らすように銅板に渦電流が流れ、磁石の後方は磁場が弱くなるので磁場を増加させるように渦電流が流れます。発生した渦電流は磁石の近くでは全体として円盤の中心方向に流れ、「フレミングの左手の法則」にしたがって力が加わり、回転します（下図）。外側の磁石を回転させて（実際は交流で磁場を回転させて）内側の導体のかごを回転させるのが誘導モータに相当します。家庭の積算電力量計もアラゴの円盤の原理を利用しており、コイルで移動磁界を作り、電力量に比例した速度でアルミ板を回転させています。

要点BOX
- ●同期モータは小型で高効率
- ●誘導モータは高速で始動が容易、ロータは円筒やカゴ型導体、原理はアラゴの円盤

同期モータと誘導モータ

●同期モータ（シンクロナスモータ）

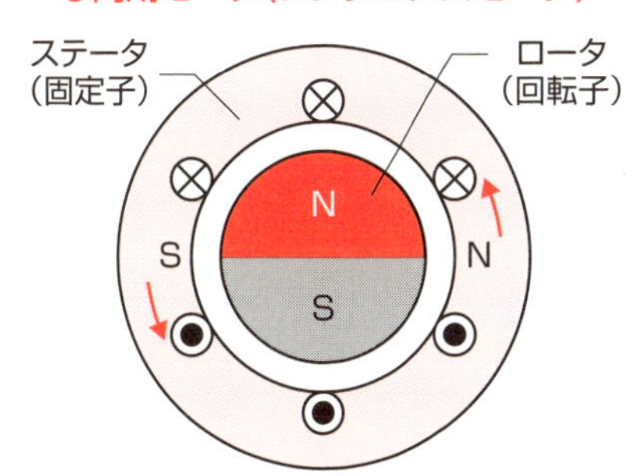

ステータの回転磁界に同期してロータの永久磁石にトルクが発生して、回転磁界と同じ速度でロータが回転します。

○ 小型、高効率
△ 始動が複雑

●誘導モータ（インダクションモータ）

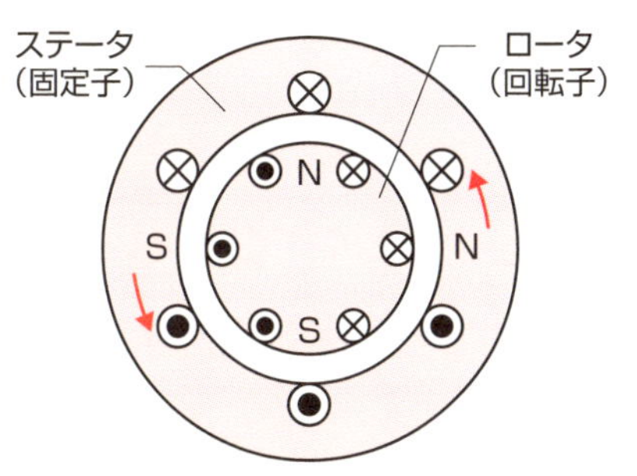

ステータの回転磁界によりロータの導体に渦電流が誘起され、回転磁界速度よりもすべり分だけ遅れてロータが回転します。

○ 高速、始動が容易
△ 大型、高価

アラゴの円盤と誘導モータ

●アラゴの円盤

磁石の回転に伴って
銅板が回転します。

中心に向かう電流と
上下方向の磁場とにより
円盤が回転します。
（フレミングの左手の法則）

磁界が弱くなるので
強めるように
渦電流は右回り。
（レンツの法則）

軸受

磁石

N

S

円盤の
回転方向

渦電流

磁界の
方向

磁石を
動かす方向

磁界が強くなるので
弱めるように
渦電流は左回り。
（レンツの法則）

●同期モータ（シンクロナスモータ）

外の磁界が回転すると、
中の導体のかごが回転します。

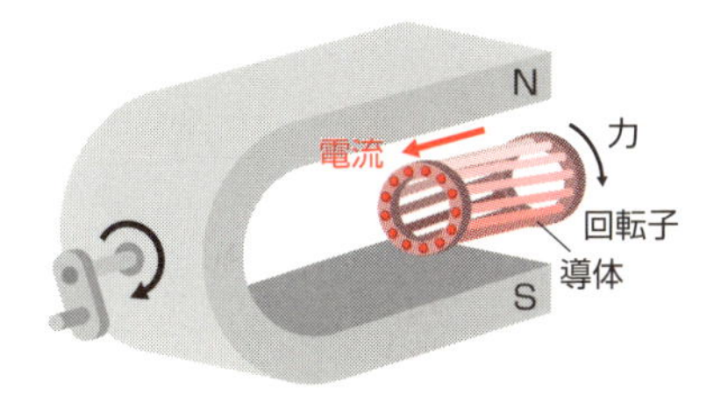

22 磁気回路は電気回路と同じか？

磁気のオームの法則

電気回路では、抵抗が接続されている電線に起電力Eを加えると、電流Iが流れます。起電力Eと電流I、抵抗Rの関係は、$E=RI$であり、オームの法則と呼ばれています。

電気回路との類似性で、鉄心にN回巻かれたコイルに電流Iを流せば、鉄心内に磁束Φが作られます。電流値と巻き数をかけた値$F=NI$は、磁束を作る力として起磁力と呼ばれます。電気回路の起電力Eと電流Iに対して、磁気回路の起磁力Fと磁束Φを対応させ、電気抵抗Rに相当する磁気抵抗R_mを$F=R_m\Phi$より定義できます。これを電気回路に対応して磁気回路のオームの法則と呼びます（上図）。

電気抵抗は、抵抗線の長さℓに比例し、導電率（電流の通りやすさの割合）σと断面積Sに反比例します。同様に、磁気抵抗は、磁束の通路の平均長さ（磁路の長さ）ℓ_mに比例し、透磁率μと鉄心の断面積S_mに反比例します。

電気機器に多く利用されている電磁石などでは、鉄心と空気ギャップを組み合わせて磁気回路が構成されています。ギャップがある磁気回路の場合には、鉄心の磁気抵抗と空気ギャップの磁気抵抗との和となり、電気回路の抵抗の直列に相応しています（下図）。空気の透磁率は真空の透磁率μ_0とほぼ同じであり、典型的な鉄心の透磁率は空気の透磁率のおよそ数千倍なので、磁気抵抗を減らすにはギャップを小さくすることが重要です。ギャップ長が大きい場合には、磁気抵抗が大きくなりますが、そこでの漏れ磁場が増えてしまいます。そのため、ギャップ部分での磁気シールドを設置する場合があります。

電気回路と磁気回路の基本的な違いは、電気回路では電気抵抗を極端に大きくして、電気電流をゼロにできるのに対して、磁気回路では、磁束をゼロとする絶縁ができないことであり、留意が必要です。

要点BOX

- ●電気回路の電圧、電流、抵抗に対応して、磁気回路では起磁力、磁束、磁気抵抗
- ●抵抗は回路長に比例、透磁率と断面積に反比例

電気回路と磁気回路の比較

●電気回路

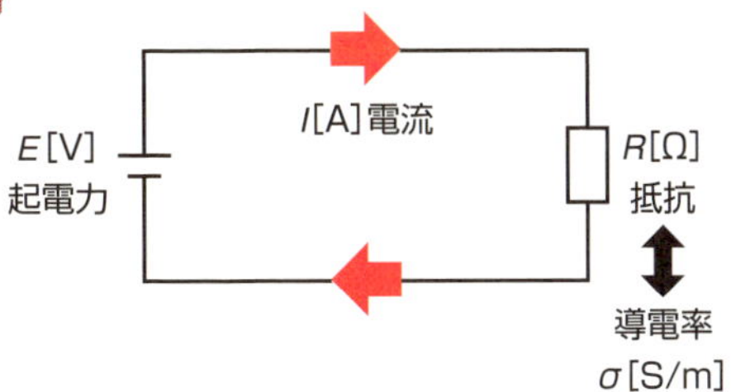

オームの法則

$$E = RI$$

電気抵抗　$R = \dfrac{\ell}{\sigma S}$

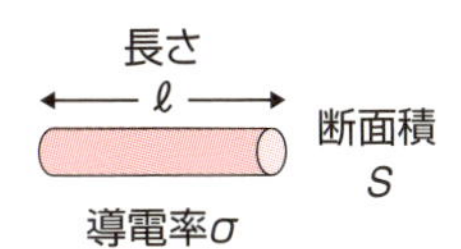

●磁気回路

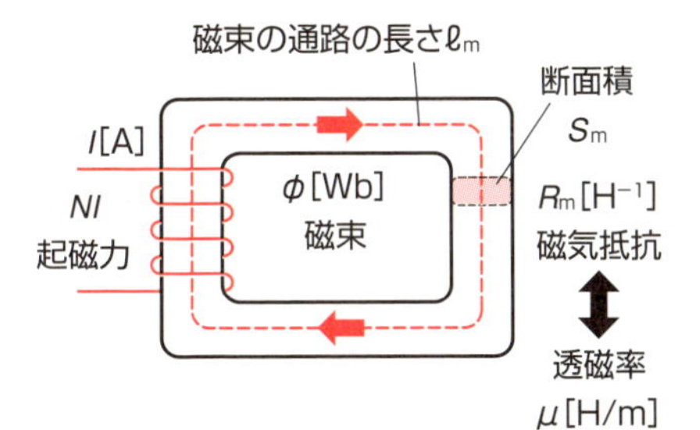

磁気回路の
オームの法則

$$NI = R_m \phi$$

磁気抵抗　$R_m = \dfrac{\ell_m}{\mu S_m}$

アンペールの法則　$\mu NI = \ell_m B$

磁束　$\phi = BS_m$

ギャップのある磁気回路

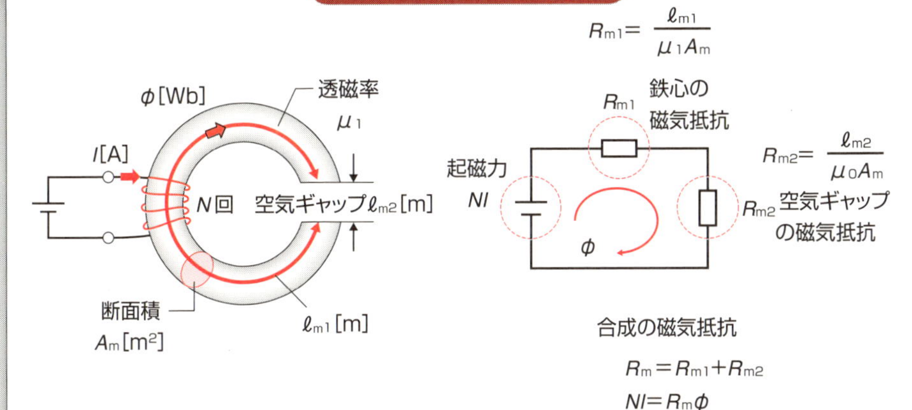

23 超伝導体のコイルの性質は？

電気抵抗ゼロ

　電磁石のコイルの巻線を細くして巻き数を多くすると、巻線の電気抵抗が大きく、電力消費が大きくなり、ジュール損失によるコイルの発熱も大きくなります。電磁石を定常的に長時間動かすには、消費電力を減らすために超伝導コイルが使われます。

「超伝導」とは極低温状態で物質の電気抵抗がほぼゼロとなる現象です。「超電導」と書く場合もあります。超伝導現象は1911年にオランダのカマリン・オンネスにより水銀の電気抵抗が絶対零度近くでどうなるかを測定していて発見されました。通常の物質としての常伝導でも温度を下げていくと物質内の熱振動が抑えられて電気抵抗が下がりますが、超伝導体ではある臨界温度（超伝導転移温度、T_c）を境に、急激にゼロとなります（上図）。低温をあらわすには、通常使われるセ氏温度（℃）の代わりに絶対温度（K）が用いられます。絶対温度でゼロ（0K、マイナス273℃）は、物質の究極の最低温度です。これまでの超伝導状態は液体ヘリウム温度（4・2K）で得られていましたが、最近の高温超伝導体では臨界温度（T_c）を液体窒素温度（77・3K）よりも高くすることができています。超伝導線材では、温度の他に、磁場、電流密度の臨界値に留意する必要があります。超伝導線材に大電流を流そうとすると、臨界電流密度（J_c）も大きくする必要があり、その電流によって発生する磁場の大きさを臨界磁場（B_c）以内で運転する必要があります。

　大電流用の3種類の合金系の超伝導線材の特性を下図に示しました。よく用いられる超伝導導体はニオブ・チタン合金（NbTi）あるいはニオブ3スズ化合物（Nb_3Sn）です。超伝導導体は、通常、多数本の超伝導フィラメントを銅やアルミの中に埋め込まれた形で線材としており、その1本のフィラメントの径はミクロン（ミリメートルの千分の1）ほどで、非常に細くなっています。

要点BOX

- 超伝導は極低温状態で電気抵抗がほぼゼロ
- 超伝導状態を保つためには、温度、磁場、電流密度の3つの臨界値以下が必要

超伝導体の電気抵抗の温度変化

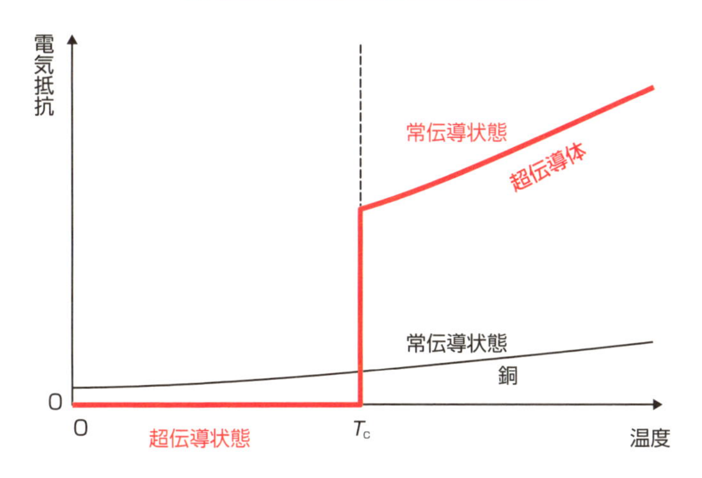

常伝導の銅では温度を下げていくと電気抵抗が下がります。
超伝導体では室温よりはるかに低い臨界温度(超伝導転移温度、T_c)を境に、急激にゼロとなります。

超伝導線材の特性

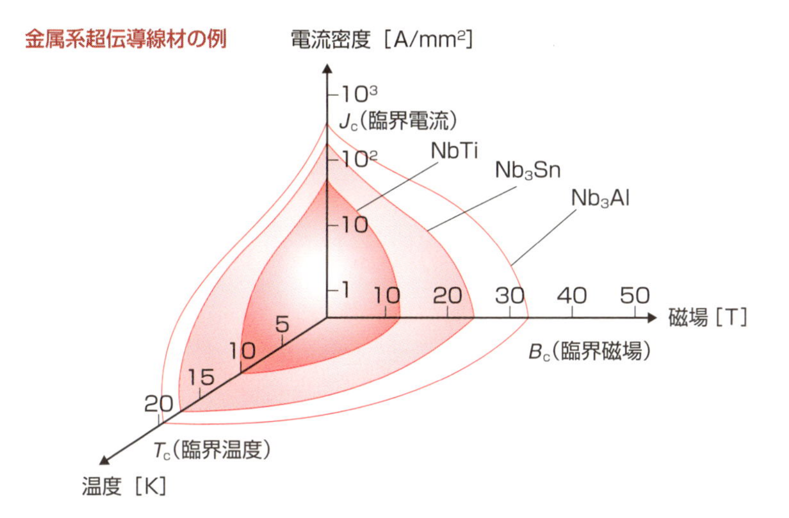

超伝導線材では、臨界温度(T_c)、臨界磁場(B_c)、
臨界電流密度(J_c)の値以下で通電する必要があります。

24 マイスナー効果とは？

完全反磁性効果

超伝導物質は、臨界温度以下で電気抵抗がゼロになる性質とともに、超伝導体の外部磁場を内部から完全に排除する性質もあります。後者の完全反磁性効果は1933年にドイツのヴァルター・マイスナーと助手のローベルト・オクセンフェルトによって発見され、「マイスナー効果(マイスナー・オクセンフェルト効果)」と呼ばれています。磁場がない常温での物質を極低温にして超伝導体にした後に磁場を加えると、超伝導体内部には磁場は侵入できません。これが完全反磁性の効果ですが、一方、導体の抵抗がゼロなので電磁誘導の法則により超伝導体に瞬間に誘導電流が生じて、その誘導電流が外部磁場を打ち消し、磁場が内部に侵入できないと考えることもできます。完全反磁性効果なのか電磁誘導による永久電流効果なのかの判別は困難です(上図a)。他方、先に外部磁場を加えて徐々に冷却していくと、転移温度を超えて超伝導状態に変化した瞬間に内部を貫通していた磁場が外に押し出され、超伝導体内部には磁場がゼロの状態になります。これは抵抗ゼロでの永久電流の現象と異なり、新しい現象、完全反磁性効果現象、と理解できます(上図b)。

マイスナー効果は超伝導体の表面近傍で生じる小さな"電流の渦(ボルテックス)"に起因します。磁場が印加されている場合には、このボルテックスが外部磁場を打ち消す方向に流れるため、超伝導体内部では磁場が打ち消された状態になるのです。

マイスナー状態にある超伝導体に永久磁石を近づけると、常伝導の鉄と異なり、内部に磁場を侵入させまいとして、超伝導体が永久磁石から逃げようとする力が働き、ピン止め効果(25節)も加わって永久磁石が浮き上がります(下図)。超伝導物質と異なり、常温の水は非常に弱い反磁性効果を示すので、非常に大きな磁場を加えることで水が割れる「モーゼ効果」(14節)が起こる可能性があります。

要点BOX
- ●超伝導の第1の特徴：永久電流効果
- ●超伝導の第2の特徴：マイスナー効果
- ●完全反磁性効果は電流の渦に起因

完全反磁性（マイスナー）効果

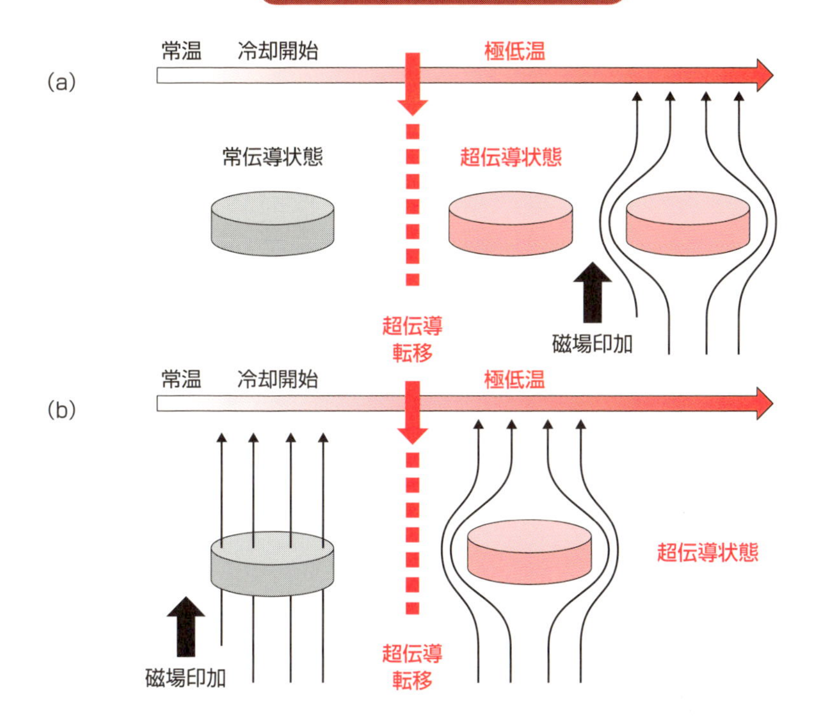

（a）磁場がかかっていない常伝導状態にある超伝導体を極低温まで冷却して超伝導状態にすると、その後に磁場を加えても磁場は内部に侵入できません。
→抵抗ゼロでの電磁誘導効果？ または完全反磁性効果？

（b）磁場を印加した状態で冷却して超伝導状態に転移させると、内部の磁場がすべて排除されます。
→完全反磁性効果

磁石浮上の実演

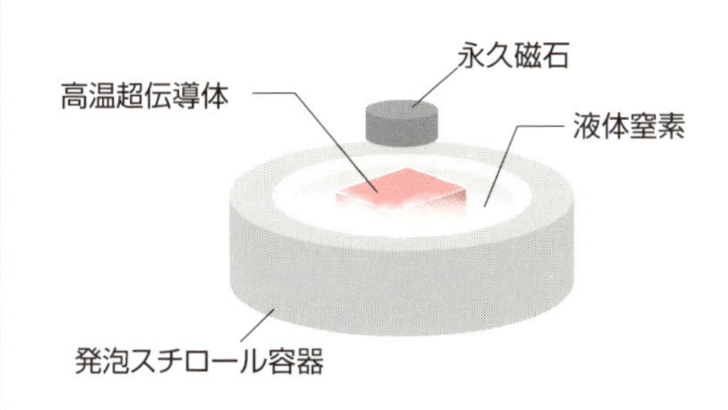

液体窒素で冷やされた高温超伝導体は、マイスナー効果により永久磁石からの磁力線を中に入れようとしないので、磁石が浮き上がります。一部の磁力線はピン止め効果（次節）で動かなくなっています。

25 ピン止め効果とは？

第1種と第2種超伝導体

超伝導体に磁場を加えた場合には、マイスナー効果により磁場が排斥されることを述べましたが、転移温度以下でも外部磁場が非常に大きい場合には、完全反磁性状態が崩れて磁場が超伝導体内部へ侵入することが知られています。この磁場の侵入の仕方によって、超伝導体を第1種超伝導体と第2種超伝導体の2つに分けることができます（上図）。

第1種超伝導体は、外部磁場の強さHが小さい時には完全反磁性としてのマイスナー現象が維持されますが、臨界磁場（図中ではH_c）以上の強さの外部磁場が加わると超伝導状態が突然破壊されます。水銀（Hg）などの金属元素の超伝導体のほとんどが、この第1種超伝導体です。

第2種超伝導体では、外部から加わる磁場の強さが下部臨界磁場（図中ではH_{c1}）までは完全反磁性状態が維持されますが、それ以上の磁場強度となると、完全反磁性が一部破壊されて、磁力線が部分的に侵入します。これは超伝導状態と常伝導状態が共存している状態です。超伝導体内部の歪みや不純物の部分が常伝導状態となり、そこに磁束がピンで止められたように動かなくなる現象です。これを「ピン止め効果」と呼びます。磁場をさらに大きくしていくと、次々と磁場が侵入し、上部臨界磁場（図中ではH_{c2}）で完全に常伝導状態に転移します。第2種超伝導体では高磁場まで超伝導状態を維持することができ、強力な超伝導マグネットを作ることができます。通常使われている合金系や酸化物超伝導体の超伝導コイルは、この第2種超伝導体に相当しています。

一般に磁束は量子化されており、最小単位の2.07×10^{-15}Wb（ウエーバー）の整数倍の値となります。第2種超伝導体では、磁束のピン止め効果により、量子磁束の運動が止められ（下図）、高い磁場を発生することができるのです。

要点BOX
- ●第1種超伝導体は強磁場で急激に常伝導転移
- ●第2種超伝導体では、ピン止め効果により強磁場で超伝導と常伝導が共存

外部磁場に対する超伝導体の応答

●第1種超伝導体

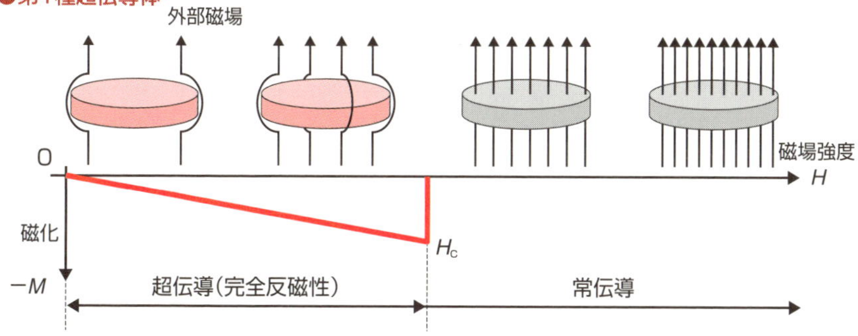

●第2種超伝導体

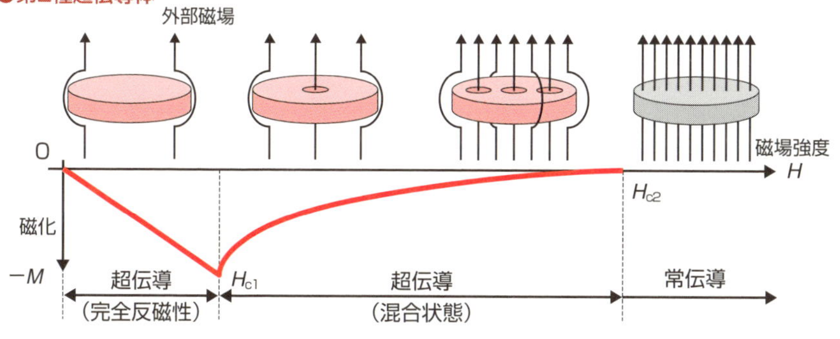

第2種超伝導体での磁束ピン止め

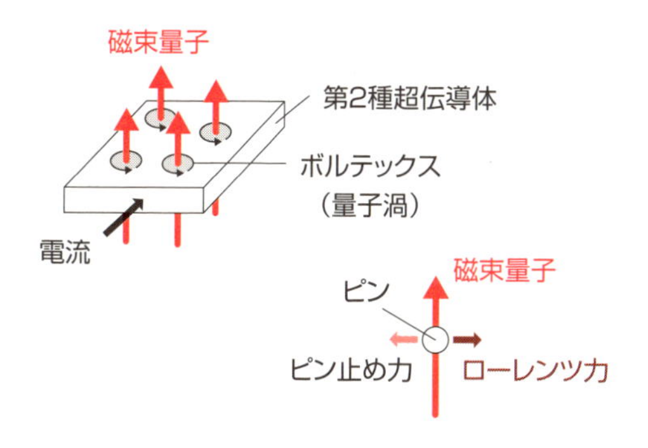

侵入した磁束量子の周りにはボルテックスがあり、その内部は常伝導状態です。

電流が流れると磁束量子には右手方向にローレンツ力が働き、磁束量子が動くと誘導起電力が生じて、抵抗や熱が発生してしまいます。

ピン止め点があることで、磁束量子は運動することができなくなり、高磁場が可能となります。

26 超伝導の量子効果とは？

ジョセフソン効果

超伝導には、抵抗ゼロの効果と完全反磁性効果の他に、第3の現象として量子力学的効果があります。例として、磁束の量子化とジョセフソン効果があります。リング状の超伝導体を考えたとき、超伝導体そのものはマイスナー効果により内部に磁束が入ることはできませんが、リングの穴の部分を通ることは可能です。実験によれば、この穴を通る磁束は$\Phi_0 = hc/2e$の整数倍の値しかとることができません。超伝導リングを通ることができる磁束の量が連続的ではなく飛び飛びの値になることを「磁束の量子化」と呼びます（上図）。その最小単位としてのΦ_0を「磁束量子」と呼びます。第二種超伝導体の内部へ侵入した磁束も、量子化された磁束量子（量子渦）です。

ここで、磁束量子の式で分母は電子の持つ電荷の量eの2倍で、2個の電子に関連した数字になっています。これは、超伝導導体の中では、原子の結晶の格子振動（フォノン）の生み出す引力が、電子同士が反発するクーロン力（電子間クーロン反発力）より大きく働くので、本来反発しあうはずの電子が2個ずつ対になって運動しているからです。この対になって運動する電子を「クーパー対」と言います。電子は通常はフェルミ粒子ですが、クーパー対になり性質の異なるボーズ粒子として振舞うことによるものです。

もう一つの量子現象としての「ジョセフソン効果」とは、2つの超伝導体の間に非常に薄い絶縁体を挟んだ場合（ジョセフソン接合と呼ぶ）、超伝導体の間に電圧降下なしに電流が流れる現象です。原子よりも小さな粒子が、粒子のもっている全エネルギーよりも大きなエネルギーのうすい障壁をのり越えてしみだしてくる「量子トンネル効果」による電流であり、2つの超伝導体の間に挟まれた絶縁体には超伝導状態を表す波動関数の位相差に比例した電流が流れます（下図）。高速のコンピューター用素子や、超微弱磁場用検出器SQUID（56）に利用されています。

●超伝導量子現象:磁束量子とジョセフソン効果
●磁束の量子化はクーパー対に関連
●SQUIDセンサはジョセフソン効果を利用

磁束の量子化とクーパー対

●空中円筒の超伝導体への磁束の侵入

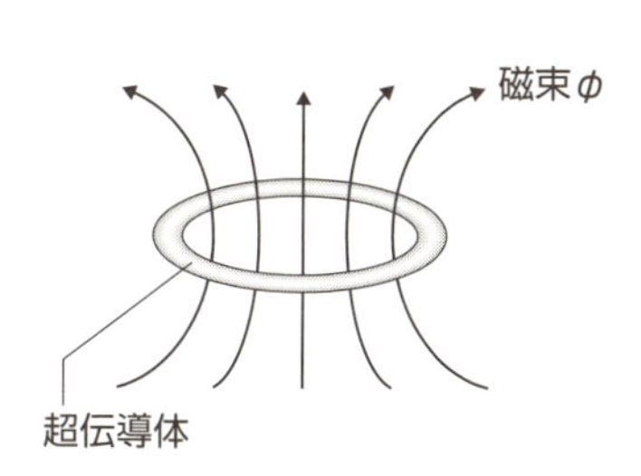

●磁束の量子化の実験結果

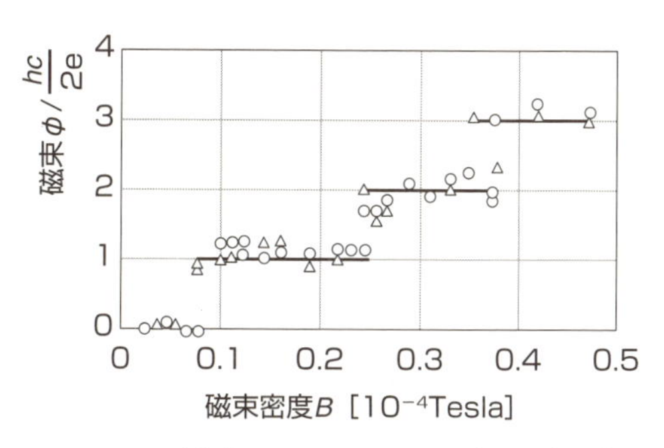

（出典:Phys. Rev. Lett.7（1961）43.）

$$\phi = n\phi_0 = n\left(\frac{hc}{2e}\right) \qquad (n=0,1,2,\cdots)$$

h：プランク定数
c：光速（$2{,}998\times10^8$m/s）
e：電子の電荷（$1{,}602\times10^{-19}$C）

超伝導の円筒に外部磁場を加えると、
貫通する磁束は磁束量子ϕ_0の整数倍
となります。
$\phi_0 = 2.07\times10^{-15}$Wb

ジョセフソン結合

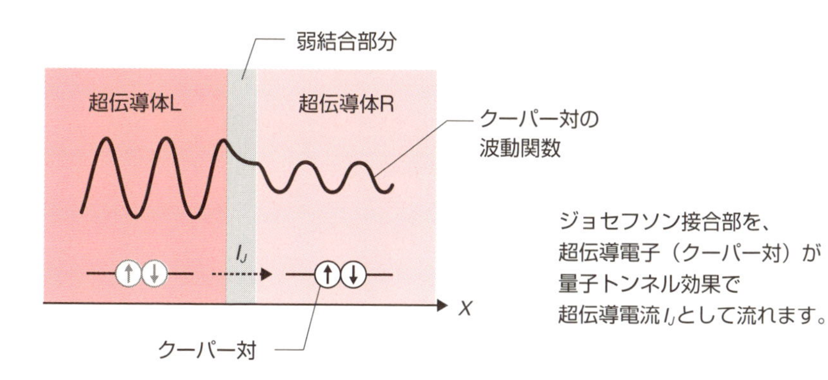

ジョセフソン接合部を、
超伝導電子（クーパー対）が
量子トンネル効果で
超伝導電流I_Jとして流れます。

ジョセフソン電流は左右の超伝導体での波動関数の位相差$\phi_L - \phi_R$で決まります。

$$I_J = I_0 \sin(\phi_L - \phi_R)$$

Column

山が浮上する? SF映画「アバター」

SF映画では、空中浮揚メカニズムとして「反重力」がしばしば登場します。H・G・ウェルズの古典的なSF小説「月最初の人間」（1901年）とその映画化（1964年）では、反重力で月に飛び立ちます。映画「バック・トゥ・ザ・フューチャーパート2」（1989年）では反重力ホバーボードや空飛ぶ自動車が登場します。また、映画「インデペンデンス・デイ：リサージェンス」（2016年）では、エイリアンが、大西洋全域を覆う巨大宇宙船により重力を操り、建物を浮遊・落下させて都市を破壊していきます。宇宙の4つの力（59参照）とは異なる未知の第5の力の物語です。

一方、磁力で浮遊させる映画もあります。SF映画「アバター」では、アンオブタニウムの磁力により空中に浮いている「ハレルヤ・マウンテン」や、星の形成時に磁場と鉄鉱石で形作られた「ストーンアーチ」が想像力豊かに描かれています。宇宙資源としてアンオブタニウムは、得ることができないという名の超伝導性物質とされています。アンオブタニウムと磁鉱石との間の磁力により、山も浮上しているとの想定であり、中国の水墨画に出てくる山や崖の幻想的な映像が出てきます。この映画「アバター」は3D映画の先駆けとして話題を呼びました。主題は、西暦2154年の美しい星パンドラを舞台とした資源・エネルギー争奪のための地球人の侵略、美しい自然環境の保護、そして、主人公ジェイクと知的生命体ナビィ族の娘との恋愛です。

映画「ミッション・インポシブル／ゴーストプロトコル」（2011年12月）でも、特殊な服を着ての現実的な(?)磁気浮上のシーンが登場します。

磁力(?!)により浮上するハレルヤ・マウンテン

「アバター」
原題:Avatar
製作:アメリカ、イギリス
監督:ジェームズ・キャメロン
主演:サム・ワーシントン、ゾーイ・サルダナ
配給:20世紀フォックス
公開:2009年12月

第4章 目に見えない電磁波と電磁流体の基礎

27 電気と磁気から波ができる?

水面に浮かんだボールを上下振動させることで、水面に波が生まれ、外に向かって伝わります。同様に、電場(電界)または磁場(磁界)を変化させると、そこから波(電磁波)が生まれ、外に向かって伝わっていきます。これは、1864年に英国のジェームス・クラーク・マックスウェルによりまとめあげられた電場と磁場に関する4つの方程式から予言されていました。この波は1888年にドイツのハインリヒ・ヘルツの実験により明らかにされました。

1本の導線に電流が流れると、そのまわりに磁場(磁界)が発生します。交流電源をつないで電流の向きを交互に変化させてを振動させると、磁界が変化すると電場(電界)が生まれます。さらに、その電場の変動により磁場が生まれます。このように連鎖して伝わる波が電磁波です(上図)。光と同じ速さ(秒速30万キロメートル)で進みます。また逆に、導体が電磁波中に存在すると、振動する電場と磁場の働きにより、その導体には電流(誘導電流)が生じます。これにより電磁波を受信することができます。

電磁波にはいろいろな種類があります。波の強度は波の山の高さ(振幅)に比例しますが、波のエネルギーは、波の振幅ではなく、波の周波数に比例します。周波数が高いほど、あるいは、波長が短いほど、エネルギーが高くなります。波長が短い電磁波から、ガンマ線、X線、紫外線、可視光線、赤外線、電波に分類できます(下図)。

可視光線も電気と磁場との振動による電磁波であり、波長は380-770ナノメートルであり、周波数は790-390テラヘルツで、太陽光の日射強度の高い領域に相当します。たとえば、緑色の光では波長はおよそ500ナノメートルであり、周波数は600テラヘルツです。これは、1つの波の幅が1ミリメートルの2千分の1であり、1秒間に6百兆回振動する波なのです。

電磁波

要点BOX
- ●電磁波はマックスウェルが予言、ヘルツが実証
- ●電磁波のエネルギーは周波数に比例
- ●可視光は1秒間におよそ数百兆回振動する波

波の伝搬のイメージ図

●水面の波の発生と伝搬

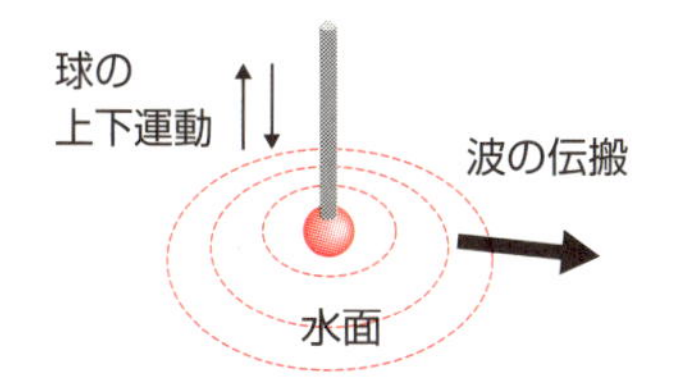

水面上のボールを上下させることで、
水面上の波が発生し伝搬します。

●電磁波の発生と伝搬

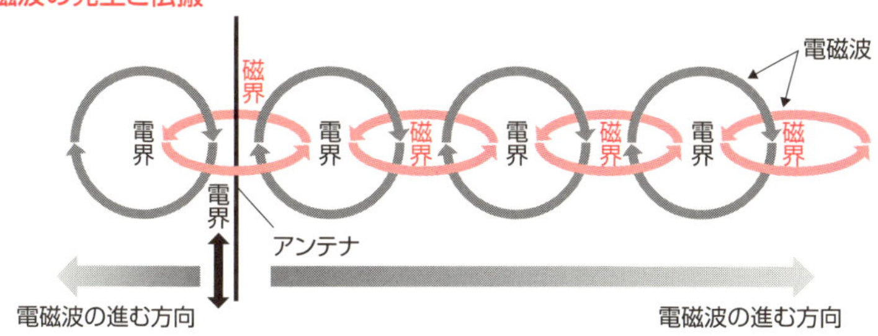

導体(アンテナ)の電流を振動させることで振動磁界が生じ、その磁界が
電界を生み、更に磁界を生み出して、電磁波が伝搬します。

いろいろな電磁波

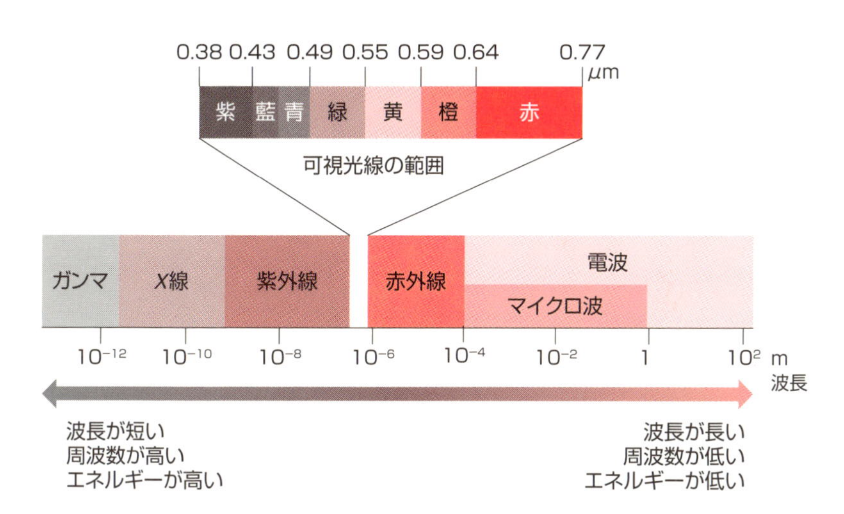

28 電荷にかかる磁力は？

ローレンツ力

地上で物が落ちるのは、地球が物を引くからであり、ニュートンの万有引力により、地球の質量の周りには「重力場」があります。同様に、電荷の周りには「電場（電界）」があり、磁荷（仮想）の周りには「磁場（磁界）」ができていると考える事ができます。

電荷qを持つ荷電粒子は電場の中では電荷量qに比例した力Fを受けます、比例係数は電場の強さEとして定義されており、$F=qE$です。

磁場中では荷電粒子が動いている場合に力を受けます。磁場Bの中で、磁場に対して垂直な速度vで運動している電荷qをもつ荷電粒子の場合、粒子にはたらく力Fは$F=qvB$で与えられます。速度vと磁場Bとのなす角をθとすると、正弦関数$\sin\theta$を用いて$F=qvB\sin\theta$と書けます（上図）。この磁場中の電荷にかかる力の方向は、磁場B中の電流I（正電荷の速度の方向）に加わる力Fに関する「フレミングの左手の法則」に対応しています。以上の電場と磁場の力を合わせて、荷電粒子に加わる電磁力は、$F=q(E+vB\sin\theta)$となり、「ローレンツ力」と呼ばれています。

一様な磁場中で、荷電粒子の速度が磁場に平行方向はゼロで垂直方向のみであるとすると、粒子は円運動を行います。遠心力とローレンツ力が釣り合うことで、旋回半径（ラーモア半径、または、サイクロトン半径）はイオンでは大きく、電子では小さくなり回転方向は逆になります。磁場方向にも速度を持っている場合には、らせん状に運動することになります。これは、磁場により荷電粒子の閉じ込めが可能であることに相当します（下図）。未来エネルギーの核融合発電では、プラズマ（イオンと電子の電離気体）の閉じ込めに強い磁場を用います。曲がった磁場線の中での荷電粒子の運動では、磁場から横滑り（ドリフト）する荷電粒子の運動もあるので、様々な磁場構造が考案されてきています。

要点BOX

- 電磁場中の荷電粒子にかかるローレンツ力
- 磁場中の回転半径（ラーモア半径）は、電子は小さく、イオンは大きい

磁場中の荷電粒子にかかる力

●ローレンツ力

（力は磁場と速度（電流）に比例）

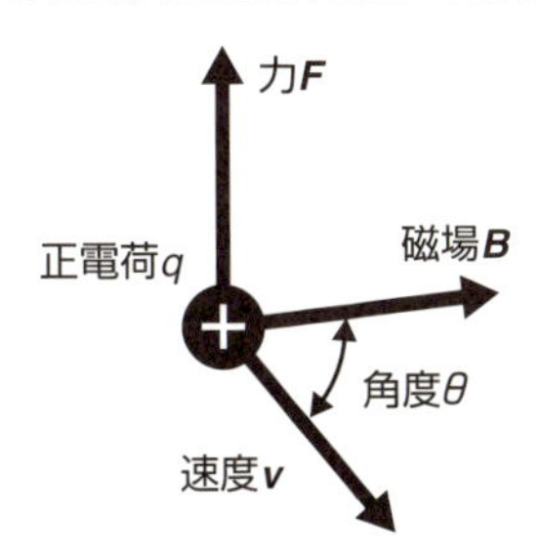

ローレンツ力
$\boldsymbol{F}=q\boldsymbol{v}\times\boldsymbol{B}$
$=qv\sin\theta$

単位:
F（N,ニュートン）
q（C,クーロン）
v（m/s,メートル毎秒）
B（T,テスラ）

●フレミングの左手の法則

（ローレンツ力の向きを示す法則）

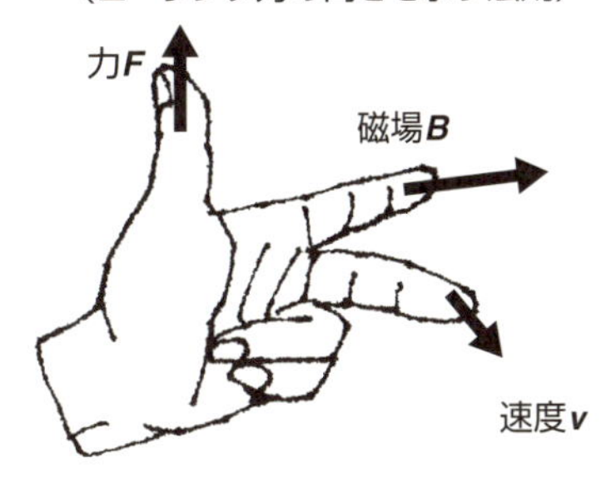

正の電荷にかかる力は上図
負の電荷にかかる力は上図と逆方向

電流は$q\boldsymbol{v}$に比例します。

磁場中のイオンと電子の運動

●イオンの運動

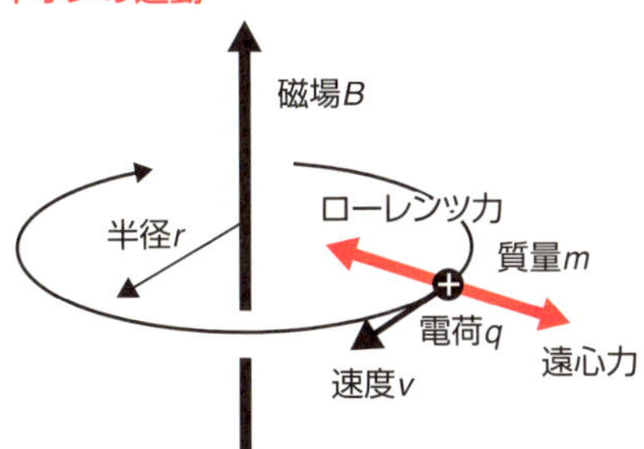

遠心力 $\frac{mv^2}{r}=qvB$ ローレンツ力

ラーモア半径　$r=\frac{mv}{qB}$

●電子の運動

速度*v*が一定の場合には、
ラーモア半径は質量*m*に比例し、
磁場*B*に反比例します。

29 電磁流体と磁場の関係は？

プラズマ中の磁場凍結と磁気再結合

電気伝導性の気体や液体が磁場中を運動する場合には、流体力学と電磁気学とを組み合わせた電磁流体力学で記述されます。とくに電離した気体は、狭い意味でプラズマと呼ばれています。

プラズマはどのようにしてできるのでしょうか？冷蔵庫に入っている「氷（固体）」について考えてみてください。これを温めていくと「水（液体）」になり、さらに温めると「水蒸気（気体）」になる3つの状態の変化のことは皆さんご存じでしょう。では、もっともっと温めたらどうなると思いますか？（上図）

原子を構成しているプラスの原子核とマイナスの電子がバラバラになります。これが「プラズマ」です。自由に動きまわる荷電粒子の集まりで、全体としてプラスとマイナスとが同数あり中性です。「第4の物質」とも呼ばれています。

じつは、太陽や星を含め、宇宙の99・9％以上はプラズマでできています。私たちの地球も大宇宙のプラズマの海に漂う一粒の小舟にたとえることができます。北極で見られる美しい自然のカーテンとしてのオーロラもプラズマなのです。

プラズマには、ギリシャ語で「成形されたもの」という意味があり、プラスチックと語源が同じです。入れ物の形に従って形を変えることができる物質という意味であり、米国の物理・化学者ラングミュア博士により1928年に命名されました。

高温のプラズマでは内部に含まれている磁束がプラズマと共に運動します（下図）。これはプラズマ中に磁力線が凍結されている現象（磁束凍結）です。磁場中には様々な波動が作られます。局所的に抵抗が大きくなると磁力線同士が結合（磁気再結合）し、プラズマ中の粒子が加速される現象が起こります。太陽フレアでの粒子加速や地磁気に捕捉されたプラズマの加速によるオーロラの出現も、磁束の凍結と磁気再結合の現象によるものです。

要点BOX
- ●プラズマは電磁気体で第4の物質
- ●プラズマと磁場との相互作用として、磁束凍結と磁気再結合

物質の3態と、第4の物質（プラズマ）

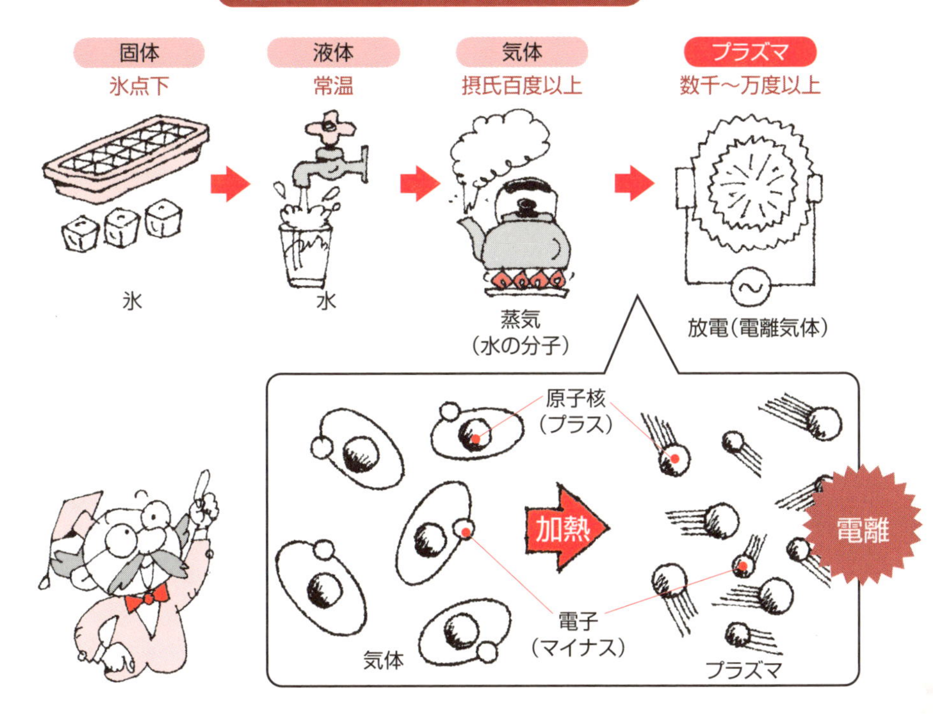

磁場の凍結と磁気再結合

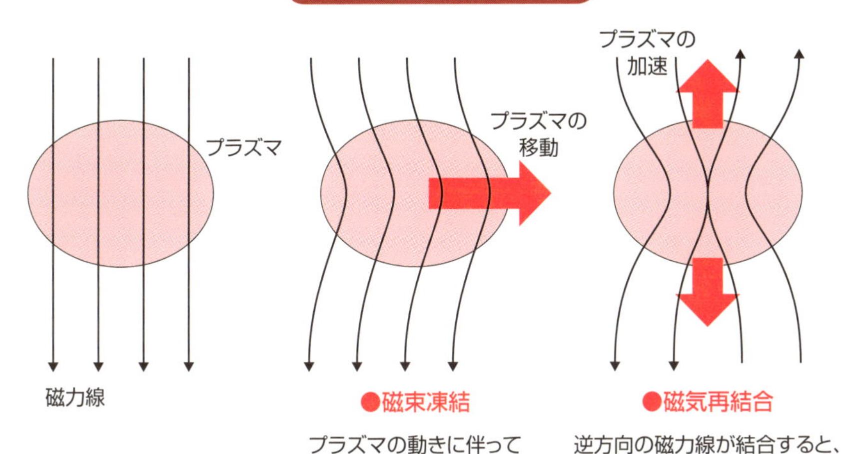

●磁束凍結

プラズマの動きに伴って
磁力線も移動します。

●磁気再結合

逆方向の磁力線が結合すると、
プラズマの流れが生まれます。

30 さまざまな電波とは？

赤外線より長波長の電磁波

私たちの身の回りには様々な電磁波があふれています。電磁波の強度は波の山の高さ（振幅）に比例しますが、電磁波のエネルギーは、波の周波数に比例します。一般的に、赤外線より波長が長くエネルギーが低い電磁波は「電波」と呼ばれています。携帯電話やカーナビ信号を利用できるのも、電波が飛び交っているからです。自然界には有史以前から太陽や宇宙からの放射線に伴って電波も飛来していますし、雷などの自然現象からも電波が発生しています。

電波の利用の歴史は、まだ120年ほどしかありません。1895年にイタリアのマルコーニが無線電信を成功させ、その後、日本では1925年にラジオ放送が、1953年にはテレビ放送がはじまり、電波は様々な文化の発展に貢献してきました。

電波は、波長の長い波（周波数の小さい波）から順に、超長波（VLF）、長波（LF）、中波（MF）、短波（HF）、超短波（VHF）、極超短波（UHF）、センチ波（SHF）、ミリ波（EHF）と定義されています（上図）。特に、UHFの周波数帯域では、携帯電話をはじめ、地デジ放送、GPS（位置情報システム）、電子レンジ、無線LANなどが、SHFの周波数帯域では、衛星放送や自動車のETCに関したITS（高度道路交通システム）など、現代では私たちの生活に欠かせない重要な電波となっています。

日本の電波法では、「電波とは3テラヘルツ以下（3千ギガヘルツ以下）の電磁波」と定義されています。上図のEHFの10倍の周波数のテラヘルツ波であり、遠赤外線と重なる周波数帯域です。一方、VLF以下の超低周波（ULF）としては、50～60ヘルツの帯域での家庭の電化製品や送電線からの雑音が発生しています。宇宙では、ビッグバンの名残りとしてのマイクロ波背景放射が微弱な雑音として観測されています。

要点BOX
- 電波は赤外線より長波長の電磁波
- 携帯電話、地デジ、GPSは極超短波（UHF）
- 衛星放送、ETCはセンチ波（SHF）

身近な電波の周波数帯と用途

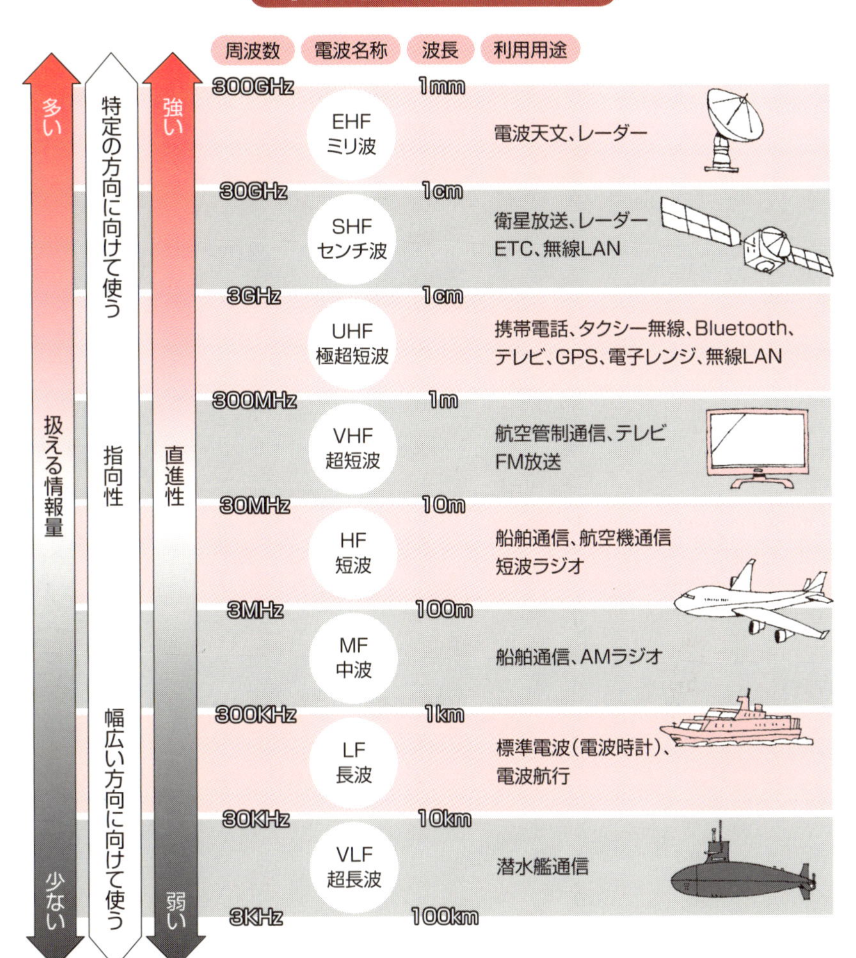

●周波数

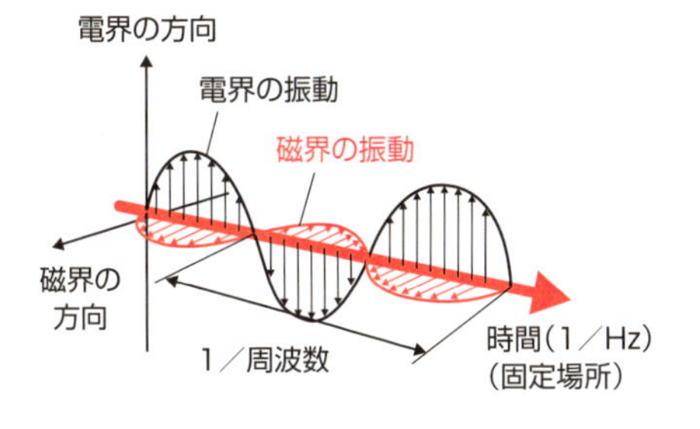

●波長

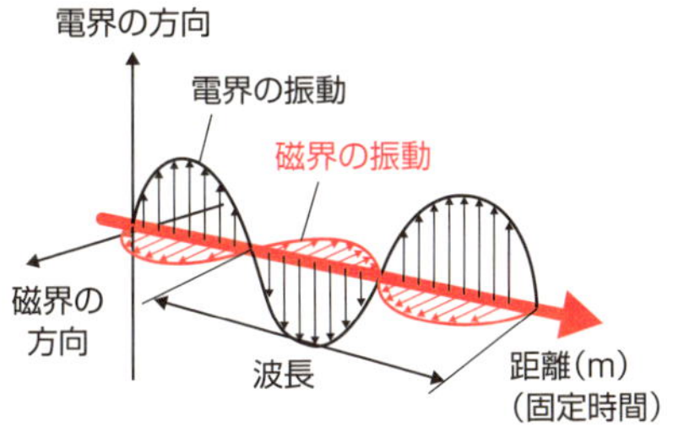

31 電流は自身の磁力で収縮する?

電磁ピンチ効果

一本の導線のまわりにはそれをとり巻くように磁力線で表される磁場が生成されています。多数の導線が束ねられている場合には、1本の導線の電流 J に他の電流からの磁場 B が作用し、$J\times B$ の電磁力により、全体として導線同士がくっつき合います。

プラズマ（電離気体）の中に電流が流れる場合には、自分自身の磁場により、プラズマ電流が収縮します。この磁気力による磁気圧と内部のプラズマ圧力とが釣り合った状態まで収縮（ピンチ）します。これは縦方向（Z方向）の直線電流によるピンチであり、ゼット（Z）ピンチと言われています（上図）。

Zピンチでは、一部分がソーセージのように少しくびれるとそこでの電流の半径が小さくなり、円周方向の磁場が強くなり、くびれが増していきます。これはソーセージ不安定性と言います。一方、釘が折れるように変形すると折れた内側で電流による円周方向の磁力線が密になり、そこでの磁気圧が大きくなって、折れが更に大きくなります。これはキンク不安定性です。ソーセージ不安定性は縦磁場を入れることで不安定部分の縦磁場の圧力が増えるため、また、キンク不安定性は導体壁を設けることで渦電流が流れて押し返す力が働くため、安定化されます。

一方、ソレノイド磁場コイルの磁場を時間的に急激に増加させるとコイル内のプラズマ中にコイル電流と逆の方向の電流が流れ、この電流と外部磁場の相互作用でプラズマを収縮させる力が働きます。これは円柱の角度方向（シータ方向）の誘起電流による収縮なので、シータ（θ）ピンチと呼ばれます。

シータピンチ効果は地上での最大磁場を作り出す磁束濃縮法に使われています（下図）。金属円筒の中に磁束を通過させた状態で、金属円筒を電磁力や爆薬などで圧縮すると、金属円筒内部の磁束は外側に漏れ出すことができず、千テスラ以上のきわめて超強磁場の発生が可能となっています。

要点BOX

- ●Zピンチによるソーセージとキンク不安定性
- ●縦磁場と導体壁による安定化
- ●シータピンチの磁束濃縮による超高磁場生成

Zピンチの不安定性と安定化

●ソーセージ不安定性

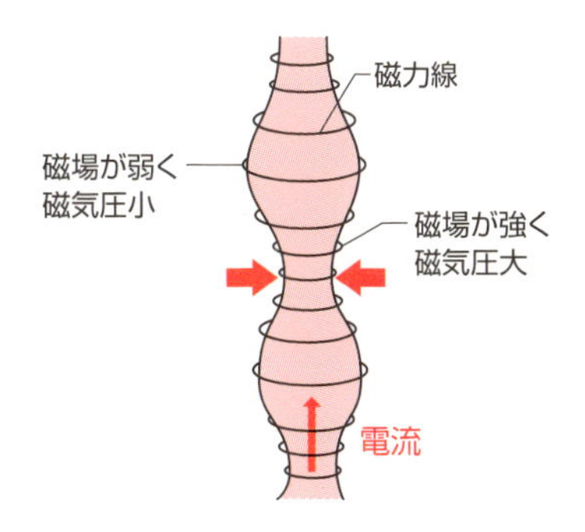

●縦磁場による安定化

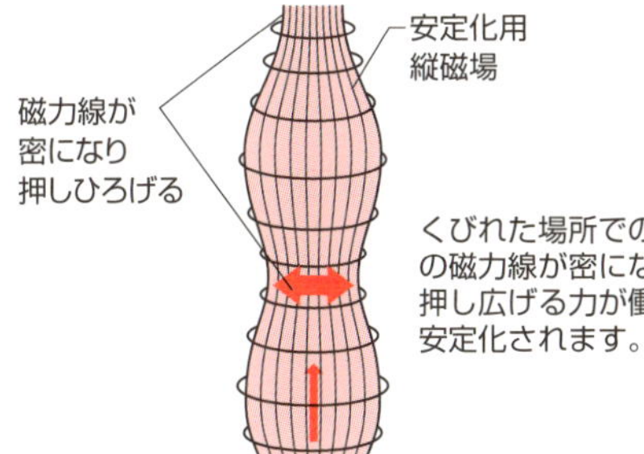

くびれた場所での縦磁場の磁力線が密になり、押し広げる力が働いて、安定化されます。

●キンク不安定性

●導体壁による安定化

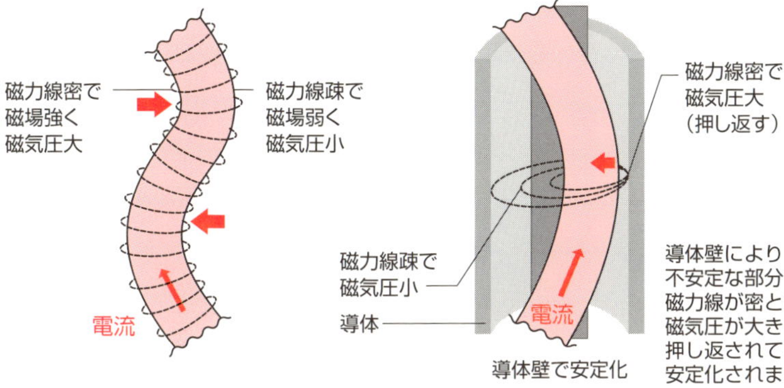

導体壁により不安定な部分での磁力線が密となり、磁気圧が大きくなって押し返されて、安定化されます。

磁束濃縮法

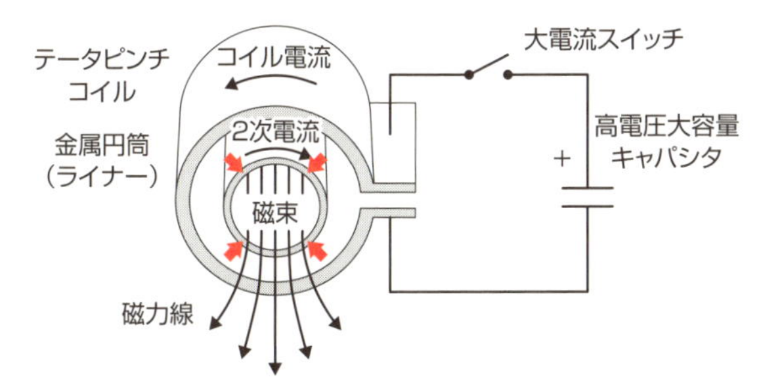

キャパシタからコイルに大電流を流すと、2次電流が金属ライナーに流れ、ライナーがつぶされます。その際に最初からあった内部の磁束が濃縮され、超強磁場が得られます。
（最初の弱い磁場用コイルは図では省略）

32 電流と磁場からの起電力とは？

ホール効果

金属や半導体に電流が流れているとき、電流に直角に磁場をかけると、電流を作っている荷電粒子（キャリア）がローレンツ力を受け、物体の端に移動します。それにより、電流と磁場とに直角な方向に起電力が生じます（上図）。これは1879年に米国の物理学者エドウィン・ホールによって発見された現象であり「ホール効果」と呼ばれています。生成される起電力は、荷電粒子に加わるローレンツ力を打ち消すような働きをし、主に半導体で応用されています。

磁場中で半導体に電気を流すと、伝導電子は進行方向と磁場の方向との両方に垂直な方向に力F（ローレンツ力）を受けて、軌道が曲げられます。その結果、電流I（電流密度j）に対して垂直方向の端に電子が蓄積し、磁束密度Bに比例する電場強度Eが発生します。ホール効果の利用にはE/jBで評価される「ホール係数」の大きなインジウム・アンチモン（InSb）やゲルマニウム・ヒ素（GeAs）などの半導体が用いられます。

ホール効果を用いた磁場測定用の半導体「ホール素子」はいろいろな応用がなされています。

非接触の電流センサとしてクランプメータがありますが、AC電流測定についてはトランスを用いたCT方式、環状巻線のロゴスキーコイル方式があります。DC電流測定も可能な方法には半導体でのホール素子方式、磁気コアと1次・2次巻線を用いたフラックスゲート方式があります。ホール素子方式では、下左図に示したように、導体の電流により生成される磁束を磁気コアで集めてホール素子を用いて、未知の電流値を測定します。

ホール素子が最も使われているのは、小型DCブラシレスモータでの磁気センサです（下右図）。集積回路（IC）に組み込まれたホール素子は、小型で安価であり、取り扱いが容易です。

要点BOX

- ホール電圧は電流と磁場とに直角な起電力
- ホール素子の応用例は、クランプメータ、ブラシレスモータの位置センサなど

ホール効果の仕組み

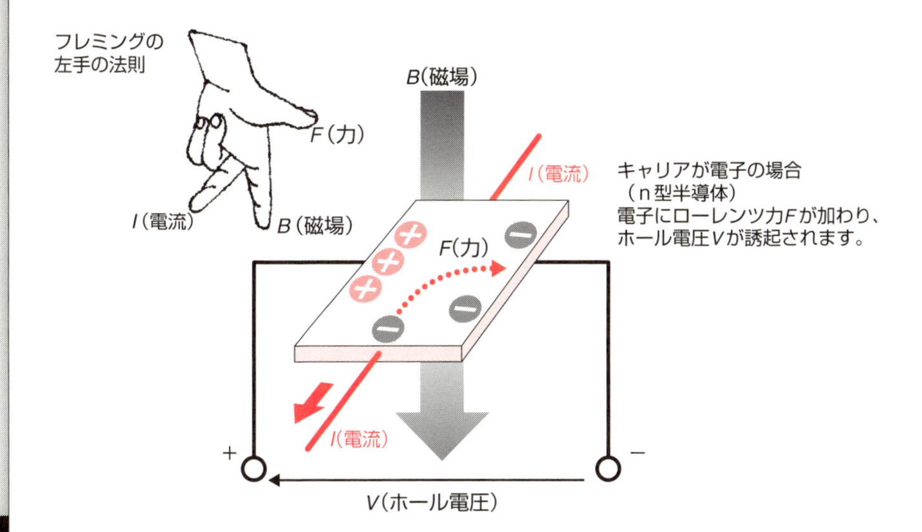

ホール素子の応用例

●非接触型電流測定

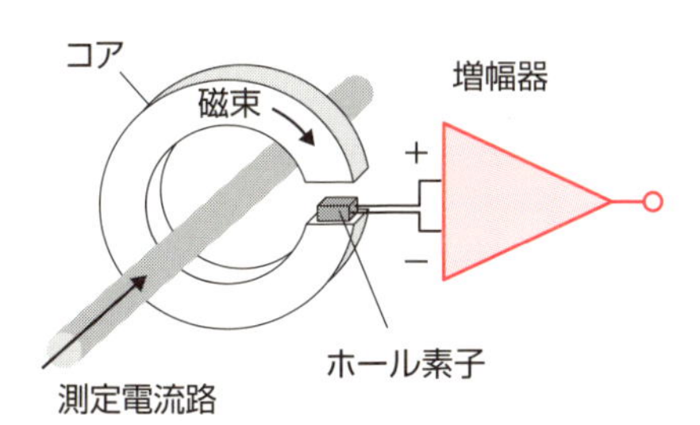

導線に流れる電流からできる磁束を磁気コアで集めて、ホール素子で磁場を測定することで、導体に流れている未知の電流値を求めることができます。

●ブラシレスモータでのロータの位置

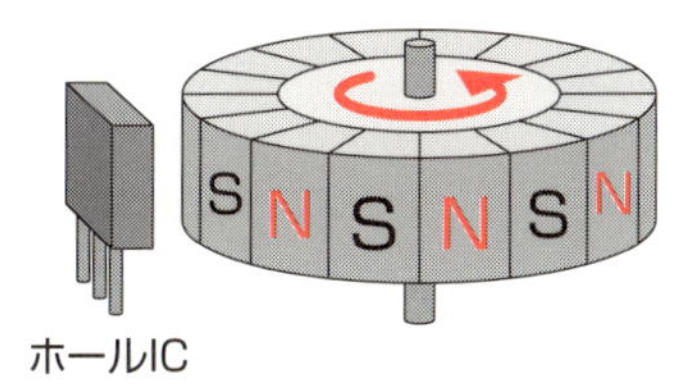

磁性体の回転に伴い磁場の変化ができるので、ホールIC（ホール素子と増幅器回路を組み入れた半導体回路）により回転速度の測定が可能です。

33 磁気シールドと電磁シールドの違いは？

ミューメタルとファラデーケージ

雷が起こっている場合には車の中が安全であることはよく知られています。外部での電位の変化に対して、導体で完全に囲まれている場合には内部には電位の変化が起こらないことによります。

導体に帯電体を近づけた場合には、導体に逆の電荷が誘起されます。網目の導体のかご（ファラデーケージ）を設置することで囲われた導体に帯電体を近づけた場合には、この静電誘導の現象により内部の電位の変化が起こらないためです。これは「静電遮蔽（静電シールド）」と呼ばれています。

静磁場や低周波の磁場の場合には、「磁気誘導」が起こるように透磁率の大きく磁気の通りやすい鉄系の材料（例えばミューメタル）で密閉して、侵入を防ぐ必要があります。壁の厚い金属で囲うと、磁力線をバイパスさせて外部磁場の内部への侵入を低減させ、「磁気遮蔽（磁気シールド）」を行います（上図）。

しかし、通常では内部磁場を完全にゼロにすることはできません。別の電磁石などにより磁場をキャンセルするか、超伝導物質で囲って反磁性効果（マイスナー効果）により磁場の変化をゼロにする必要があります。磁気の影響を受けやすい電子ビーム装置や生体磁場の微小磁場測定には磁気シールドが不可欠です。

一方、高周波の磁場変化では、磁場に伴い電場の変化も伴う電波の伝播が問題となり、導体のかご（ファラデーケージ）を設置することで「電磁シールド」が可能となります（下図）。銅などの導電性の材料で周囲を取り囲み、その表面で電波を反射させ、電波の侵入や漏洩を防止できます。接地された鉄筋のかごで囲まれた建物が、落雷に対してより安全である理由でもあります。電磁波としてのマイクロ波の遮蔽のために、電子レンジの前面に電磁波の波長よりも細かな金属網が設置されていることで、マイクロ波の漏れを防止していることにも関連しています。

要点BOX

●導体壁で静電遮蔽は可能だが磁気遮蔽は困難
●低周波磁場の遮蔽には厚いミューメタル
●高周波の電磁遮蔽にはファラデーケージ

静電遮蔽と磁気遮蔽

●静電遮蔽

＋
電気力線

●絶縁球殻

絶縁物か伝導率の低い導体では、静電遮蔽はされず、電気力線は直線的です。

＋
電気力線
電場
ゼロ

●籠の導体球殻
（ファラデーケージ）

網目導体でも伝導率の高い導体では、内部は電場がゼロとなります。

●磁気遮蔽

S
N
磁気力線

●薄い磁性体球殻

厚みがない場合や透磁率が低い場合は、磁気遮蔽ができません。

S
N
磁気力線
磁場
微弱

●透磁率が高くて
厚い磁性体球殻

内部磁場を弱くできます。

高周波電波の電磁遮蔽

●網目状の導体球殻

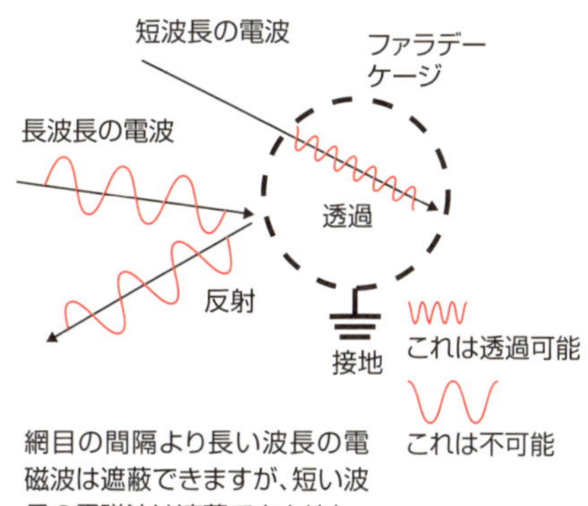

網目の間隔より長い波長の電磁波は遮蔽できますが、短い波長の電磁波は遮蔽できません。

●完全導体球殻

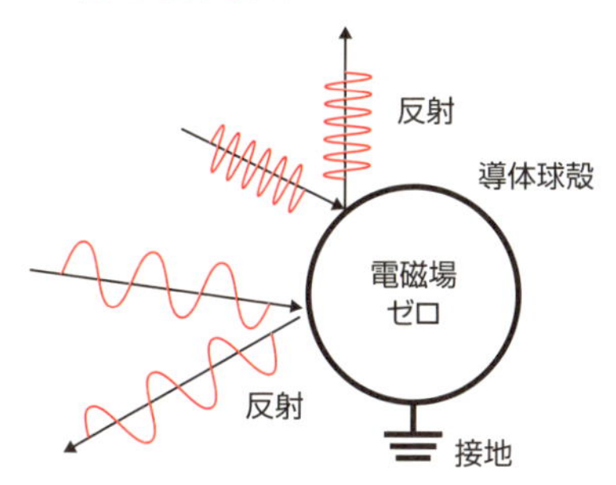

導体の厚さが導体の伝導率と電磁波の周波数で定まる表皮厚さよりも厚い場合に、電磁波を遮蔽できます。

34 ファラデー効果と磁気カー効果とは？

透過光あるいは反射光の偏光面の回転

光は電磁波のひとつなので、外部から電場や磁場を加えると物質内での光の透過や反射が変化すると予想されます。電磁波は電場と磁場とが共に振動している波ですが、自然光はいろいろな振動方向の波が混じっています。その電場および磁場の振動の方向が一つにそろった光の波は直線偏光と呼ばれ、振動の方向が円を描くように変化する波は円偏光と呼ばれています。一般的に、磁界中に置かれた媒質中を光が通過するとき、その透過光の偏光面が回転する性質を「磁気旋光性」と呼びます。この現象は１８４５年にイギリスのマイケルファラデーによって発見され、「ファラデー効果」と呼ばれています。

直線偏光は同じ振幅を持つ左円偏光と右円偏光の和と考えることができます。そのため、特別な物質中を通過すると、その直線偏光を構成していた左円偏光と右円偏光に振幅の差が生じて楕円偏光に変化します（上図）。この円偏光の二色性を「磁気円二色性」と呼ばれます。また、その透過光の楕円軸の偏光方向の回転（磁気旋光性）も起こります。この旋光性が任意の波長で見られるのに対して、円二色性はその物質が吸収する波長でしか見られません。

磁界中に置かれた磁性体に直線偏光（振動方向が直線的な規則的な光）の光を入射させると、反射光に偏光方向の回転（磁気旋光性）や、偏光の楕円化（磁気円二色性）が観測されます（下図）。この現象は１８７６年にスコットランドの物理学者ジョン・カーによって発見され、「磁気カー効果」と呼ばれています。一般にカー効果という名称は電気光学効果（電場が加わると屈折率が変化する現象）を指すことが多いので、区別するために磁気カー効果と呼びます。ファラデー効果が、光が物質を透過する場合に見られる現象であるのに対して、磁気カー効果は反射した光に見られる現象です。これらは、光による磁気測定や磁気による光の制御に応用されています。

要点BOX
- ●ファラデー効果は直線偏光の透過による磁気円二色性と磁気旋光性の現象
- ●磁気カー効果は反射光の円二色性と旋光性

ファラデー効果(1845年)

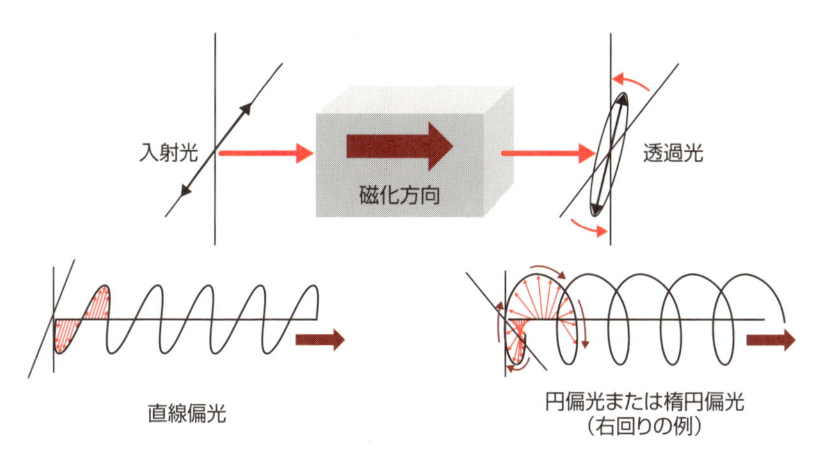

磁場をかけた透明な物質中を磁場と平行な直線偏光が通過するとき、
光が進むに従って偏光面が回転します(ファラデー回転)。

磁気カー効果(1876年)

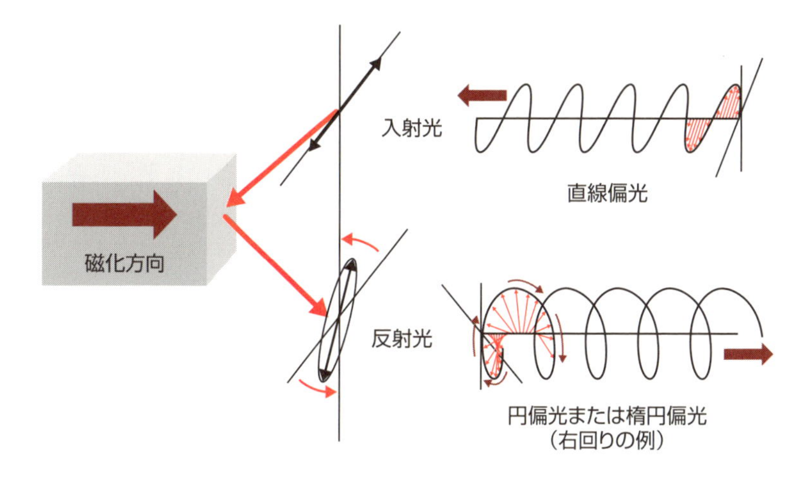

磁場をかけた物質や磁性体により直線偏光が反射されると、
偏光面が回転します。

Column

透明マントは可能か？映画「ハリー・ポッター」

空想科学（SF）小説は、夢と希望を、時には恐怖と不安を私たちに与えてくれます。「SF小説の父」と呼ばれるのは、フランスのジュール・ベルヌとイギリスのH・G・ウェルズの2人ですが、ウェルズの「透明人間」（小説1897年、映画1933年）でも科学の力を通しての人間の欲望が垣間見ることができます。新薬により透明化され、殺人をも犯す物語です。

そもそも、見えるとはどのようなことでしょうか？可視光としての電磁波（27参照）が物体に反射され、その光を私たちは目で認識しています。

イギリスのJ・K・ローリング原作の映画「ハリー・ポッター」シリーズでは科学ならぬ魔法の力が様々に展開されます。特に、ニワトコの杖、蘇り（よみがえり）の石、透明マントの3つが「死の秘宝」であり、これらを手にする者は死を制することができるとされています。ポッターは父親から受け継いだ透明マントを使って、いくつかの難局を乗り越えていきます。

物体の屈折率が空気と同じであれば、その物体を見ることができません。また、背後の風景を投影すれば、疑似的にあたかも透明のように感じます。

光に対して屈折率を変えて図の様な光の透過物質ができれば透明に見えます。最近の科学では、メタマテリアルと呼ばれる負の屈折率を持つ人工物質（入射波が手前に屈折する物質）も開発されてきており、マイクロ波に対して応用が試みられています。ドラえもんやポッターの「透明マント」も、いつの日か可能となるかもしれません。

一方、航空機やミサイルなどのレーダー探知では、背景の像は感知しないので、ステルス戦闘機では電磁波を吸収させて反射させない構造となっています。

透明マントの可能性(?!)

物質の透磁率や誘電率を空間的に変化させて光を屈折させます。

「ハリー・ポッター」シリーズ
原題:Harry Potter
原作:J.K.ローリング
製作:イギリス、アメリカ
主演:ダニエル・ラドグリフ、エマ・ワトソン
配給:ワーナー・ブラザーズ映画
公開:2001−2011年

第5章

家電の身近な磁力

35 身近な磁石の用途は？

フェライト、アルニコ、ネオジウム磁石の利用

磁石は身近な日用品で利用されています。磁力の引力を利用した事務用品や、回転の始動・制御の家電製品、更に、情報機器に多くの磁石が使われています。

磁石としては、硬い材質の磁石と変形可能な軟らかい磁石、磁力が一定の永久磁石と磁力可変の電磁石、など、いろいろな用途に応じた利用がなされています。形状からは、棒形、U字形、平板形、円柱形、ドーナツ形など、様々です。

身の回りの事務用品では、掲示用のマグネットクリップや自動車用初心者マークなど、様々な永久磁石が使われています。ペンケースや色々なドアのマグネットも重宝されています。主にフェライト磁石やラバー磁石が使われています。

家電製品では多くの電動モータが使われ、内部には小型で強力なネオジウム磁石などが内蔵されています。洗濯機、掃除機や電気カミソリなど、回転運動が直接に利用されています。エアコンや冷蔵庫などでは圧縮機のモータに、電子レンジでは高周波を作るために磁場が用いられています。

近年、情報機器は、なくてはならない身の回りの電子機器です。パソコンのハードディスクの読み取り装置やCD／DVDでも磁力は不可欠です。マイクやスピーカを有するオーディオ機器や携帯電話にも小型の磁石が内蔵されています。

その他、自転車の発電ライトや電動アシスト自転車の駆動部、家屋での過電流ブレーカや電力積算計、身に着ける磁気健康器具など、さまざまな磁石が利用されています。

以上のように、身の回りには磁気があふれています。逆に、磁場を遮へいするためには、銅やクロムを加え透磁率を高めた「ミューメタル」が用いられ、磁気シールド室、超伝導量子干渉素子（SQUID）による精密磁気計測などに利用されています。

要点BOX
- ●マグネットクリップなどの事務用品
- ●家電製品や情報機器にもいろいろな磁石利用
- ●磁気遮蔽用にはミューメタル

磁石の事務・家電使用例

事務用品

マグネットシート
マグネットクリップ
ドアマグネット
初心者マーク、など

家電製品

洗濯機
掃除機
扇風機 36
デジタルカメラ
電気カミソリ
エアコン ｝コンプレッサ 36
冷蔵庫 36
電子レンジ 42

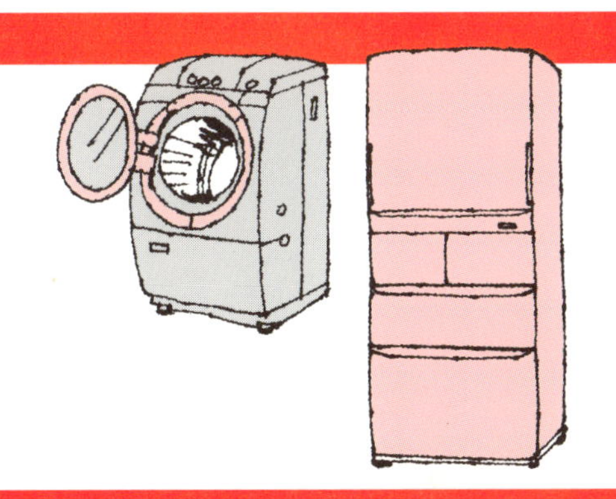

情報機器

ＰＣハードディスクの読み取り装置 39
　ＶＣＭ（ボイス・コイル・モーター）
ＤＶＤ・ＣＤ
オーディオ機器（マイク、スピーカー、エレキギター） 38
携帯電話（音声、バイブレータ）
電動ベル

その他

方位磁針・羅針盤 37
電動機付き自転車
電磁リレー 40
過電流ブレーカー 41
電力積算計
磁気健康器具

36 家電製品での電動用磁石とは？

モータによる力学および熱エネルギー利用

家電製品には、冷蔵庫、洗濯機、扇風機、エアコン、電子レンジなどの民生用電気機器、いわゆる白物家電（生活家電）と、テレビ、パソコン、携帯電話などの情報機器としての民生用電子機器の2つに分けることができます。

白物家電は電気エネルギーまたは熱エネルギーを利用する電気製品であり、電気モータ（電気原動機、原動機）が使われています。モータの回転運動を直接利用する機器と、コンプレッサ（圧縮機）による熱ポンプとして利用する機器に分けることができます。

前者の回転運動の直接利用の典型的な例として、掃除機、洗濯機や扇風機などがあります。ミキサー、ヘアドライアーの回転ファン用もあります。小さな機器では、電動歯ブラシ、髭剃り機などにも磁力を利用した電気モータが使われています。

例えば、扇風機の場合にはファンをモータで直接回転させます（上図）。ACモータの場合には周波数を変えて弱、中、強に変化させますが、DCモータを使えば連続的な速度制御が可能となり、高価になりますが、静かで消費電力も少ない高機能な扇風機ができます。近年話題のファンのついていない扇風機でも、本体内にDCモータが内蔵されています。

後者の応用例として、熱ポンプとして必要な圧縮機にモータを利用する冷蔵庫やエアコンがあります（下図）。液体が気体に変化するときには周囲の熱を奪います。これを気化熱と言いますが、夏の暑い昼間に道路に水をまく「水うち」が典型的な例です。コンプレッサにより高温高圧の冷媒ガスを作り、放熱器を通して冷媒を液体に変化させ、毛細管を通過させて冷却器で吸熱させて、ファンで冷気を冷蔵庫内に送ります。ロータリーコンプレッサの仕組みを左頁の下図に示しました。冷蔵庫の心臓部は、まさにこのコンプレッサなのです。

要点BOX
- ●扇風機、洗濯機では、モータ運動の直接利用
- ●冷蔵庫、エアコンでは、モータによるコンプレッサでの熱ポンプ効果利用

扇風機の仕組み（回転運動利用）

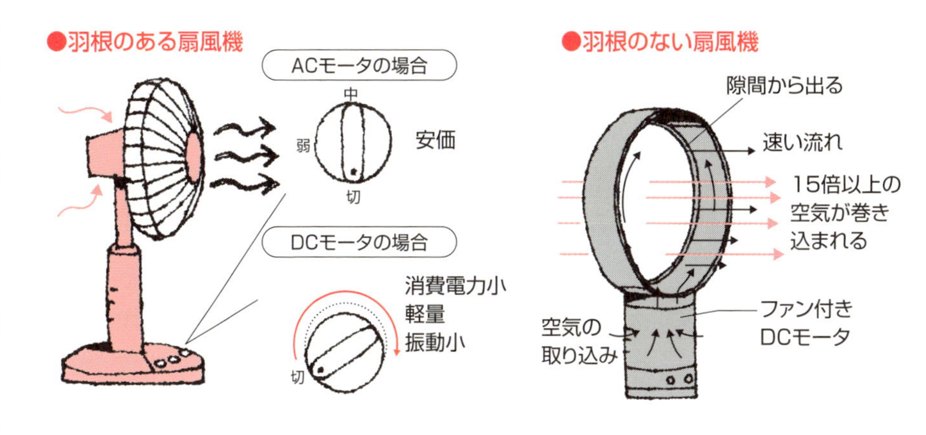

冷蔵庫の仕組み（熱ポンプ利用）

●冷蔵庫の構造

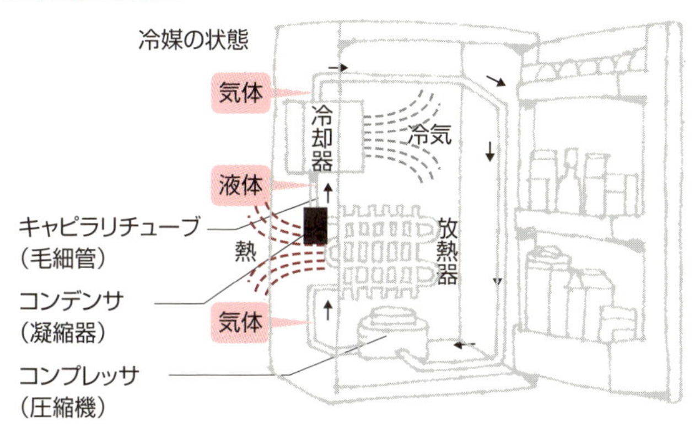

ヒートポンプの原理で
気化熱を利用して、
冷蔵庫内を冷やします。

心臓部は、
コンプレッサを動かす
電気モータです。

●コンプレッサの原理

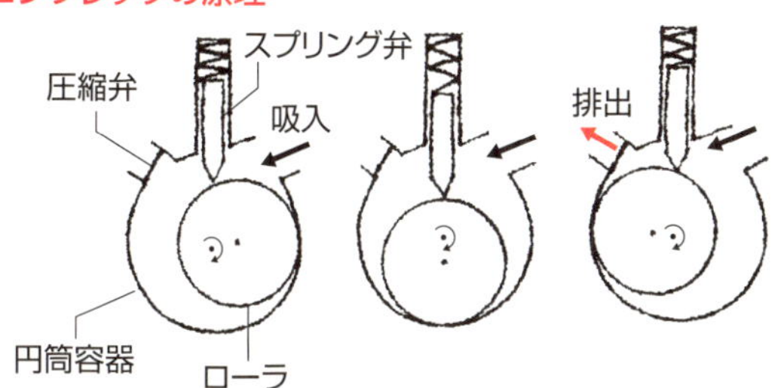

コンプレッサにより
高温高圧の冷媒ガスが
作られます。

37 磁気コンパスとGPSコンパスとは？

羅針盤、ジャイロ、GPS

15～16世紀のヨーロッパでのルネサンス期での三大発明は、「火薬」と「活版印刷技術」、そして、「羅針盤」です(上図)。この3つともが中国古来の発明であり、ヨーロッパで改良・実用化されてきたと言われています。日中は太陽を夜は北極星などの天体観測をたよりに航海されていましたが、悪天候時には羅針盤は大航海時代になくてはならないものでした。

「羅針盤」(方位磁針、磁気コンパス)は、磁石を用いて方角を知る計器であり、船や飛行機などで用いられてきました。磁気コンパスでは周囲の磁気に影響されてしまい、地理上の北ではなくて北磁極をさすため、最近は高価な「ジャイロコンパス」が使われてきています。たがいに垂直な軸の周りを回転できる3つの輪形の支持台で独楽(こま)のようにまわる回転子を支え、回転子の回転軸が、3次元のどの方向にも自由に動く装置であり回転儀とも言われます。

高速回転するコマは回転軸の方向を保とうとする性質(ジャイロ効果)があります。自転する地球の表面において回転軸を水平に保っておくと、この効果により回転軸が南北を向くことになります。これがジャイロコンパスの原理です。

現代ではカーナビなどでGPS(グローバル・ポジショニング・システム)が普及しています、緯度、経度、標高、時刻の4つが同時にわかります。4つの変数を正確に定めるためには、少なくとも4つのGPS衛星が必要となります。地球の周りの6つの軌道にそれぞれ4機のGPS衛星が、周期衛星(静止衛星もそのひとつ)の半分の周期で周回しています。これは、およそ2万キロメートルの高度を約12時間で一周する準同期衛星です(下図)。数台のGPS受信機器の信号の差から方角を知ることができます。ただし、船が潮で流されている場合は、船首の方向が進んでいる方向とは限りません。地球周辺の宇宙でも、位置を知るのにGPSが活用されています。

要点BOX
- ●地磁気利用の磁気コンパス
- ●ジャイロコンパスでは地理上の北を測定
- ●GPSコンパスはGPS衛星からの電磁波利用

ルネサンスの三大発明

火薬

活版印刷

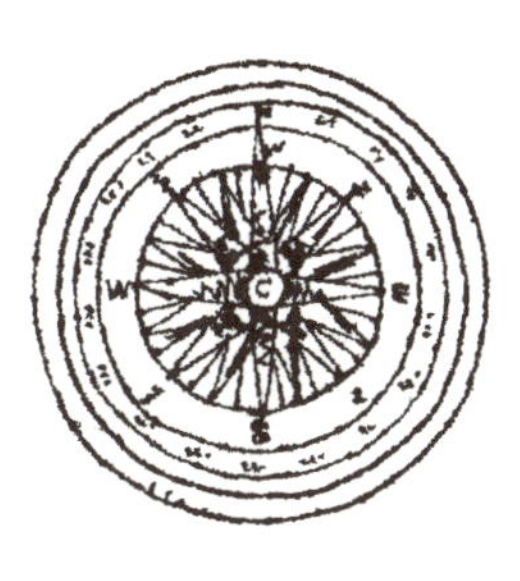

羅針盤（磁気コンパス）

この三大発明は中国が起源だと言われています。

ジャイロコンパスとGPSコンパス

●コンパスの変遷

磁気コンパス（地磁気利用）
ジャイロコンパス（回転の慣性利用）
GPSコンパス（衛星からの電磁波利用）

●GPS衛星の軌道

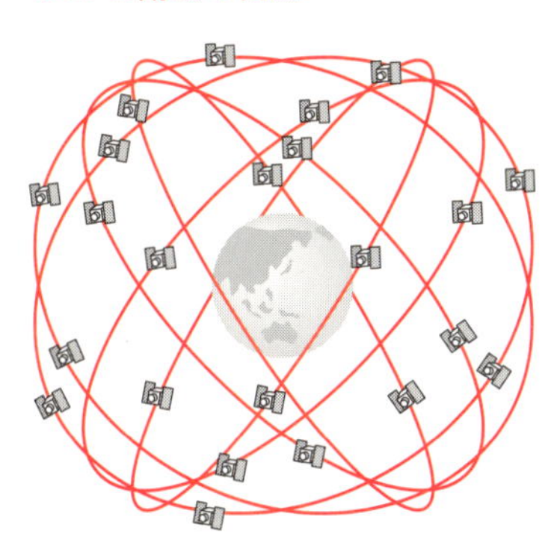

GPS衛星は、およそ2万キロメートルの高さの6つの軌道に各々4個の衛星の基本構成で運用されています。

GPS受信機は、GPS衛星からの電波を受信し、受信位置を計算します。

●GPSコンパス

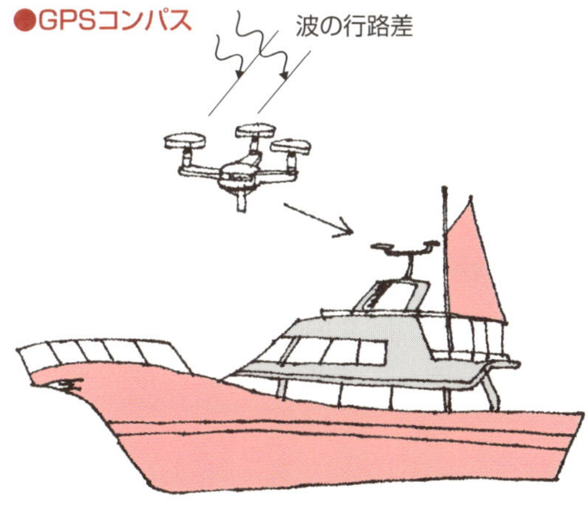

GPS受信機での電波の行路差から、方向を測定します。

38 マイクとスピーカーでの磁気利用とは？

永久磁石と可動コイル

拡声器では、マイクロフォンで小さな声や音の空気振動を電気信号に変え、アンプで増幅して、スピーカーで電気を音の振動に再変換して、大きい音や声を再生します。マイクロフォンとスピーカーとの仕組みは基本的には同じであり、お互いに逆の作用を行う機器です(上図)。インターフォンやトランシーバなどではマイク部分とスピーカー部分が兼用されています。

音波としての空気の振動を振動板としてのダイアフラムで受けて、それに対応した電気振動を発生する電気音響の変換機がマイクロフォンです。典型的な方式として、電極の振動による静電容量の変化を利用するコンデンサ型(静電型)や、ダイアフラムに固定されている可動コイルを用いるダイナミック型(電磁型)があります。後者は固定磁石と振動版に設置されている可動コイルとを用いて電磁誘導現象により電気信号を作る方式です。コンデンサ型では電圧をかけて電荷を蓄積するために電源が必要ですが、ダイナミックマイクロフォンでは電源は原則的に不要です。ダイナミック型スピーカーでは、フレミングの右手の法則に従いコイルに流れる電流に加わる電磁力により振動コーン紙を振るわせて音波を作ります。通常のモータは軸のまわりの回転運動を行いますが、ドーナツ型のくぼみの磁石でコイルを動かすダイナミックスピーカーは、直線運動を利用するのでリニアモータと呼ぶことができます。

エレキギターでも弦の振動を電気に変えるピックアップと呼ばれる変換機部分で磁石が用いられています。6本の弦の下にコイルが巻かれた磁石を設置します。鉄の弦が振動することで磁場が変化し、電磁誘導によりコイルに電圧が誘起されます(下図)。ピックアップの原理は、レコード針の振動を電気信号に変換するLPレコードプレーヤーにも利用されていました。

●ダイナミック型マイクとスピーカーは永久磁石と可動コイルとを利用
●エレキギターのピックアップ部に永久磁石

マイクとスピーカーのしくみ

●拡声器

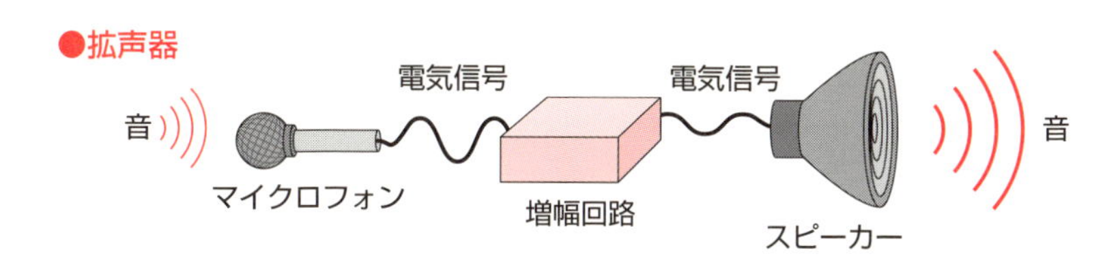

●ダイナミック型マイクロフォンとスピーカー

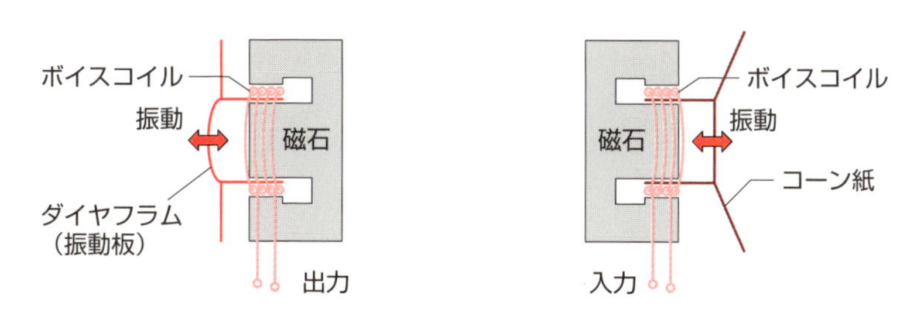

エレキギターのしくみ

●ピックアップの原理

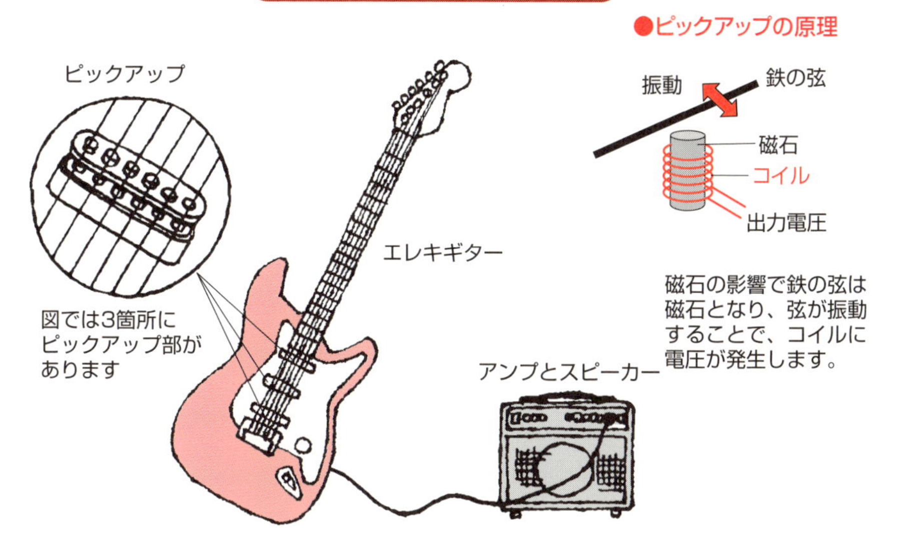

39 PC磁気ディスクのしくみは?

磁気記録媒体での磁気抵抗効果

コンピュータの補助記憶装置には、ハードディスクなどの磁力を利用した磁気ディスク記憶装置が使われています。ハードディスクドライブ(HDD)は、データを長期的に保存しておくためのパーツ(記憶装置)です。ハードディスクドライブの中には金属の円盤(プラッタ)が入っていて、これに磁気でデータを書き込んでいます(上図)。磁気の力で物理的に金属盤にデータが書き込まれますので、電源を切ってもデータはそのまま保存され続けます。大事なデータがたくさん保管される、大切なパーツです。

通常のハードディスクでは2~8枚の円盤をもっています。3600から7200rpm(回転/分)の速度で回転し、読み込み・書き込みのヘッドとディスクのすきまは、1マイクロメートル(百万分の1m)以下です。そのわずかなすき間に異物が侵入しないように、ハードディスクは密封されています。

書き込みでは、0と1とのデジタル情報が磁気ディスクの平面上に磁区として記録されます。読み出しは、記録されたデジタル情報パターンから生じる微小な磁界を読み出し素子の磁気抵抗効果により検出し、電気信号に変換して情報の読み出しを行います(下図)。

ここで、磁気抵抗効果(正確には異常磁気抵抗効果)とは、磁場を印加された物質の電気抵抗が変化する現象です。磁気抵抗効果が起こる原因は、アップスピンとダウンスピンで電子の運動(抵抗)が異なるためです。微小磁界を高い感度で電気信号に変換するために、これまでの磁気抵抗(MR)素子を改良して、非磁性薄膜を二層の強磁性薄膜で挟んだ巨大磁気抵抗(GMR)素子や、絶縁体を二層の強磁性体で挟んだ更に高性能なトンネル磁気抵抗(TMR)素子が開発されてきています。読み出し磁気ヘッドが高性能になればなるほど、ハードディスクの記録密度を上げることが可能となります。

要点BOX
- ●高速回転のプラッターと磁気ヘッド
- ●磁気書き込みは磁気抵抗素子利用
- ●巨大磁気抵抗とトンネル磁気抵抗の開発

ハードディスクの構造

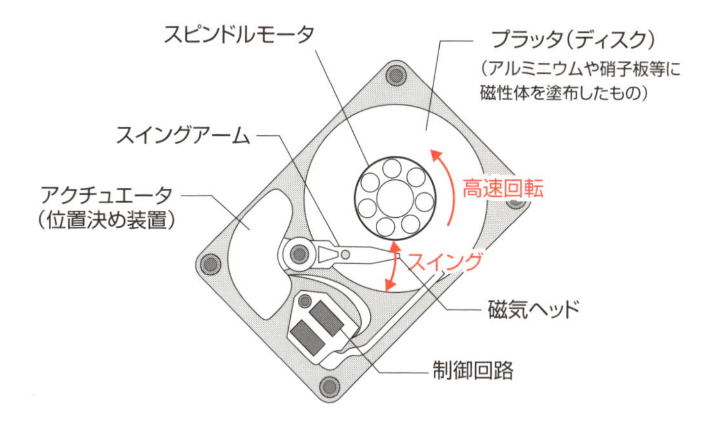

磁性体の薄膜を蒸着した回転する円盤に、小さな電磁石になっている磁気ヘッドで信号を書きこみます。読み出しは、回転している磁性円盤(プラッタ)が磁気ヘッドの素子の磁気抵抗を変化させ、微弱な電気信号を発生させる効果を利用します。

磁気ヘッドの構造

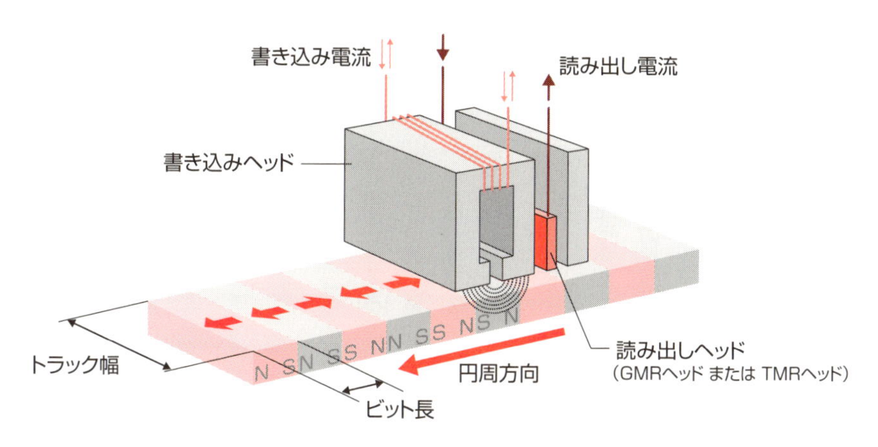

書き込みヘッドでは、"0"と"1"のデジタル情報を磁気ディスク上に2次元的に記録されます。

読み出しヘッドでは、記録されているデジタル情報パターンから生じる微小な磁界を検出し、電気信号に変換して情報の読み出しを行います。

40 電磁リレーのしくみは?

順を追って時間的に制御する回路(シーケンス回路)では、「電磁リレー(電磁継電器)」が電気の流れを制御するために使われます。リレーはコイル巻線を持った電磁石と電気的な接点で構成されています。電磁コイルに電流が流れると電磁石となり、生成された磁力によって可動鉄片を吸引し、連動して接点を開閉します。上図の場合、コイル端子間に電圧がかかると、可動鉄片が磁力で引き下げられ、b側に接触していた接点がa側に接触します。コイルに電圧がかかっていない時は、c—b間が導通し、コイルに電圧がかかったときは、c—a間が導通します。

電磁リレーは外部制御信号により回路をオンオフするもので、主に制御回路に用いられます。一方、主回路の電流のオンオフには大電流対応の「電磁コンタクタ(電磁接触器)」が用いられます。電磁リレーも電磁コンタクタも構造・機能共に同じですが、制御信号が主回路と切り離された外部信号なのか、主回路から検出している信号かの違いがあります。

電磁接触器は、単に電気回路の開閉を行うもので過負荷に対する保護がありません。そこで、電磁接触器と過負荷保護が行えるサーマルリレー(熱動継電器)とを組み合わせたものを「電磁スイッチ(電磁開閉器)」と言います。下図はバイメタルと電磁スイッチの仕組みを示しています。熱膨張率の異なる2つの金属を接合し、加熱すると湾曲します。負荷に過電流が流れると、加熱によりバイメタルの湾曲が大きくなり、電磁接触器の回路がオフになります。

電磁開閉器は、モータなどの負荷の電源ラインに設置して、負荷をオンオフするために用います。家庭の過電流ブレーカとしても利用されています。

小型のリレーとしては、LED(発光ダイオード)とフォトダイオードアレイを内蔵した半導体素子などがありますが、大型機器の安全保護回路には、ノイズに強い電磁リレーが使われています。

●電流を制御する電磁継電器(電磁リレー)
●電磁開閉器は電磁コンタクタとサーマルリレーとの組み合わせ

電磁リレー（電磁継電器）の構造

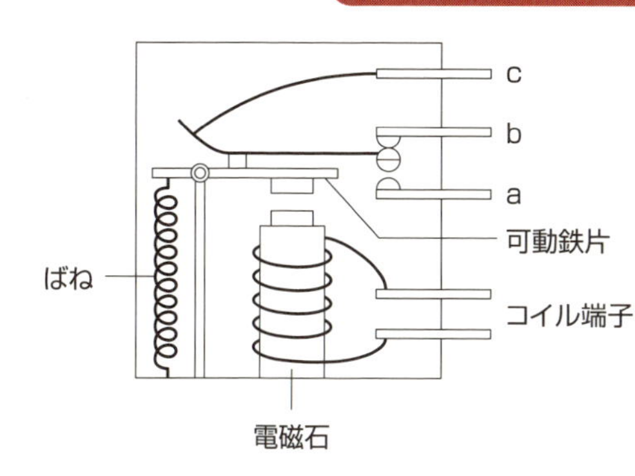

a接点：コイルに電気が流れている間だけ、接点がオン
b接点：コイルに電気が流れている間だけ、接点がオフ
c接点：コイルに電気が流れているときと、いないときで、接点がbからaに切り替わる

電磁石の磁力を用いてオンオフの制御をします。

電磁スイッチ（電磁開閉器）の構造

●バイメタルのしくみ

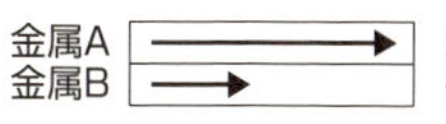

矢印は熱による伸びの割合

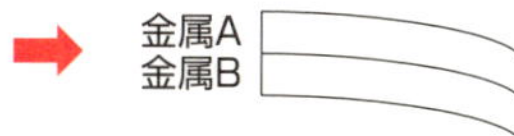

高温になると変形

●電磁スイッチの動作

電磁スイッチ（電磁開閉器）＝ 電磁コンタクタ（電磁接触器）＋ 熱リレー

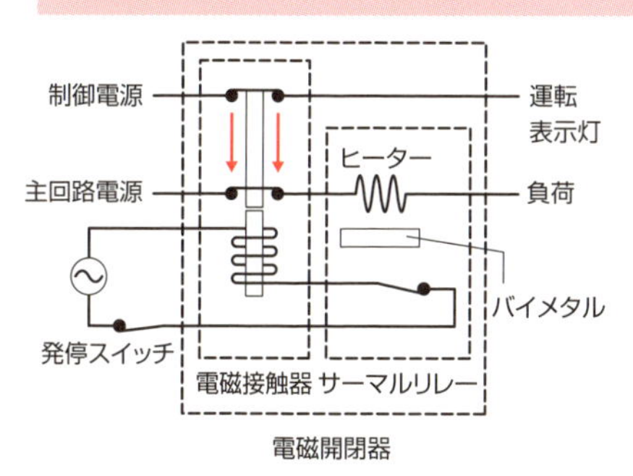

発停スイッチをオンにすると、電磁石が作動して主回路がオンになります。同時に運転表示灯がオンになります。

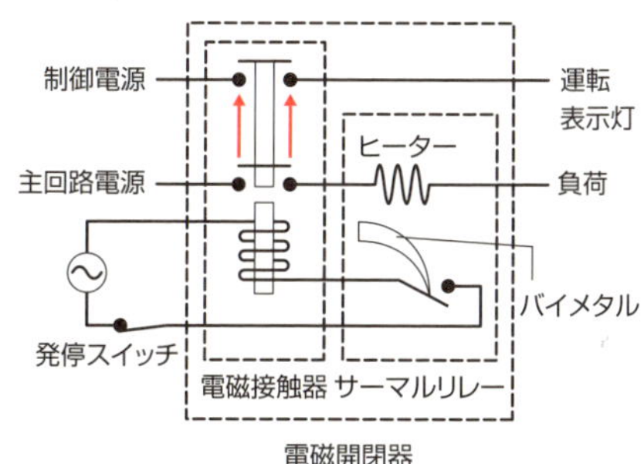

過電流になると、ヒーターでの発熱が増えてバイメタルが高温となって、熱リレーが働き、電磁石電源が切れて主回路もオフになります。

41 ブラウン管と電子顕微鏡の制御は？

偏向ヨークと対物レンズコイル

家庭での汎用の情報機器としてテレビがあります。最近のテレビの大型のフラットパネルのディスプレイには、液晶型やプラズマ型などが使われていますが、従来型のブラウン管（陰極線管、CRT）では電子ビームを制御して蛍光面に当てて発光させます。赤、緑、青用の3本の電子ビームを電子銃から発射させ、これらの電子ビームを走査させるのが偏向ヨークと呼ばれる電磁石の集まりです（上図）。収束コイルや垂直・水平偏向コイルなど、様々なコイルが組み合わさっており、ビームは画面の左上から右に、右端まで来ると1つ下の行の左端から右に走査し全画面を1本の電子ビームで走査します。このように電子ビームは、ある瞬間にはディスプレイ上のある1点しか照射していませんが、管面に塗布された蛍光体の残光があり、ビームを素早く走査することで人間の目には画面全体が常に光っているように見えます。

ブラウン管と同様に磁場で制御して電子ビームを利用する機器が電子顕微鏡です。通常の顕微鏡は光を使う光学顕微鏡ですが、観察したい試料に光を当てて、像を拡大して観察するので、光（可視光線）の波長以下の対象物は見ることができません。電子顕微鏡では光の代わりに電子線を試料に当てて、像を拡大して観察するので、より小さな対象物を分離して見ることができます。具体的には、肉眼では0・1ミリメートルほどの分解能しかありませんが、光学顕微鏡では数ミクロン（数ミリの千分の1）であり、更に、電子顕微鏡ではナノメートル（1ミリの百万分の1）までの分解能が得られます。電子顕微鏡には透過電子顕微鏡（TEM）と走査電子顕微鏡（SEM）があります。下図にSEMの構造を示します。収束レンズや対物レンズとしての電磁石の他に、操作用の電磁コイルが設置され、電子ビームの制御がなされます。反射された電子の像（2次電子像）から極微の世界を観察することができるのです。

要点BOX

- ●ブラウン管の電子ビーム制御には偏向ヨーク
- ●走査電子顕微鏡（SEM）では対物レンズコイルや走査コイルを利用

ブラウン管テレビの模式図

偏向ヨーク
電子ビームを上下左右に
走査するためのいろいろな
電磁石のかたまり

電子ビーム

525本の走査線

電子銃
赤、緑、青用の3本の
電子ビーム。
ビームの強さで明るさが
調整されます。

蛍光面
赤、緑、青の蛍光体が塗ってあり、
電子ビームが当たると輝きます。

偏向ヨークのコイル磁場により、電子ビームの軌道が曲げられます。

（テレビ用ブラウン管は現在ほぼ製造されていません。
オシロスコープ用のブラウン管は製造・利用されていますが、
磁場ではなく電場による電子ビーム制御が基本となっています。）

走査電子顕微鏡（SEM）の構造

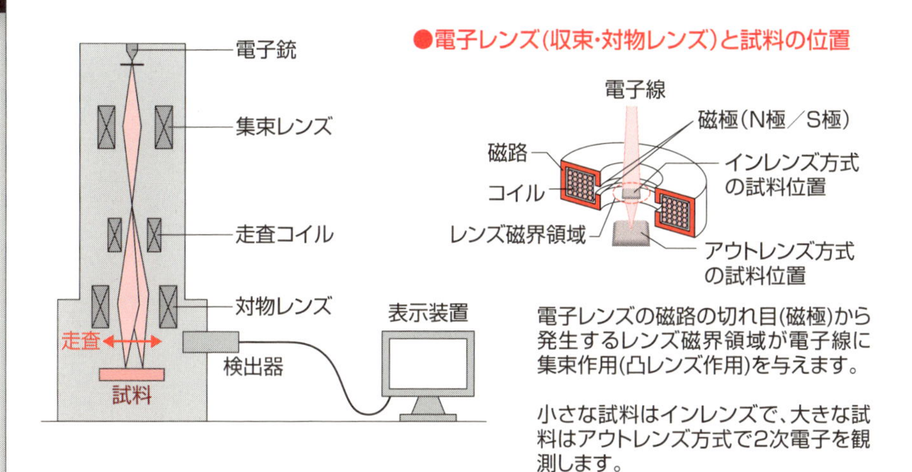

電子レンズの磁路の切れ目(磁極)から発生するレンズ磁界領域が電子線に集束作用(凸レンズ作用)を与えます。

小さな試料はインレンズで、大きな試料はアウトレンズ方式で2次電子を観測します。

SEM：Scanning Electron Microscope

42 磁力が電子レンジを動かす？

マイクロ波用マグネトロン

電子レンジはさまざまな料理で活躍しています。電子レンジでは2・45ギガヘルツ（毎秒2・45×10^9回の振動数）のマイクロ波が用いられており、波長はおよそ12cmです。電子レンジのガラス前面には、マイクロ波が漏れない対策のためにおよそ1ミリ間隔の金属の網が設置してあります。水分子H_2Oは水素原子と酸素原子の結合で電荷が偏っており、水素原子側がプラスで酸素原子側がマイナスの電気双極子の極性を持ちます。電子レンジでは、水分子が共鳴振動する周波数のマイクロ波を当てることで、水の分子振動が激しくなり、水の温度が上がることを利用し、食品の加熱調理に応用されています。

電子レンジでは、マグネトロン（磁電管）により作られたマイクロ波が導波管を通って導かれ、加熱すべき食品に照射されます（上図）。加熱室の材質は、ステンレスや亜鉛鋼板が用いられており、マイクロ波は反射して内部に吸収されません。食品の容器はマイクロ波が透過できるガラスやプラスチックなどを用います。ドアは使用中にマイクロ波が外部に漏れるのを防ぐ構造をしており、ドアが開く際に電源を遮断するシステムが設けられています。マイクロ波による照射が均一に行われるように、食品はターンテーブルによって回転します。

電子レンジのマイクロ波の発生には、発振用真空管マグネトロンが用いられます。円筒形の陽極と中心軸にある陰極でできており、軸方向に磁場をかけます（下図）。中心軸の陰極から飛び出して円筒状の陽極に向かう電子には、加えられた磁界によってローレンツ力（28参照）が働き、陽極には届かず円筒内で振動しながらグルグルと周回します。陽極の分割された空洞に入った電子は効率的に振動し、出力アンテナからマイクロ波を発生されます。電子レンジの心臓部としてのマグネトロンは、磁場によって動いているのです。

要点BOX
- ●電子レンジの電磁波は水分子に共鳴する
- ●マグネトロンは磁場中での電子の回転運動を利用した数ギガヘルツのマイクロ波発信管

電子レンジの構造

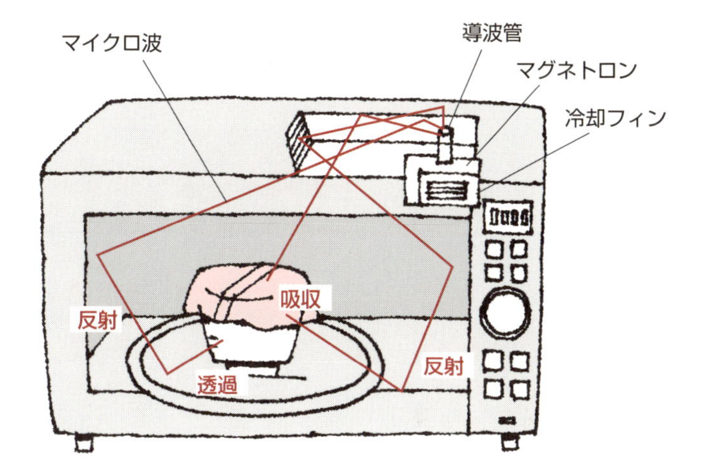

マグネトロンでマイクロ波を発生させ、導波管で伝送してレンジ内部に散乱させます。マイクロ波は金属で反射し、多くの物質を透過しますが、食物中の水やいくつかの物質には吸収されるので、食材の内部から効率的に調理することができます。

マグネトロンの仕組み

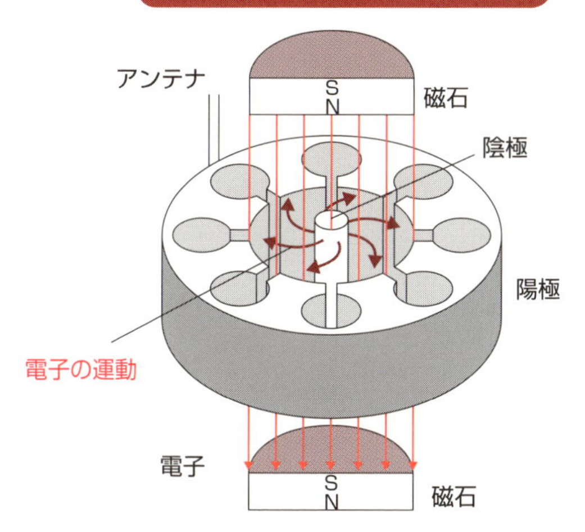

中心の陰極から放射された電子は磁力線のために進路が曲げられ、渦を巻いて陽極のくぼみに入り、一定の周波数で振動するようになります。それによりアンテナから電波が放出されます。

Column

ライトセーバーとは?
映画「スター・ウォーズ」シリーズ

「遠い昔、遥か彼方の銀河で…」のテロップから始まるSF映画「スター・ウォーズ」はジョージ・ルーカス監督の代表作であり、SF映画界にとっての金字塔としての作品です。

数十万の国家としての星群より構成された「銀河共和国」があり、時が経つにつれ、政治の腐敗、統治秩序の崩壊で、共和国は分裂の危機を迎えていました。こうしたなか、古代より共和国の秩序を支えてきたジェダイと呼ばれる騎士団が奮闘します。だが、悪の力を信奉するシスが現れ、ジェダイを排除して強力な秩序の「銀河帝国」を目指します。

映画は、ジェダイとシスの攻防や、銀河共和国の未来を描いた全9部作の物語です。

スター・ウォーズには、未来の若者に手渡したい玉手箱としての夢の科学技術が詰まっています。

ライトセーバーはジェダイの騎士に必携の武器であり、レーザー光でできているとされています。しかし、レーザーとは、太陽の光と異なり波長（エネルギー）の整った方向性のある光にすぎず、物体を押し返すことができません。映画のような魅力的なセーバー（剣）を作ることは難しいですが、高磁場と高温プラズマ（29参照）の技術で作れる可能性があります。磁場やプラズマを用いて、電磁バリアーとしての防御システムを構想することができます。地磁気と大気とは地球にとっての磁気バリアーです。

上記のほか、プラズマ・ウインドウ、イオン・エンジン、ブラスター銃、ディフレクター・シールド、スーパー・レーザー、磁気浮上、反重力、人工臓器、カーボナイト冷凍などのいろいろな夢が登場します。今、現在の科学技術はスター・ウォーズに追いつき始めています。

磁場とプラズマとで作るライトセーバー(?!)

「スター・ウォーズ」シリーズ
原題:Star Wars
製作:アメリカ
監督:ジョージ・ルーカス、他
主演:マーク・ハミル、
ハリソン・フォード
キャリー・フィッシャー
配給:20世紀フォックス
公開:1977年〜

産業の役に立つ磁力

43 磁力のさまざまな産業利用？

強磁場・小型化の超伝導モータ

永久磁石や電磁石は身の回りの生活品の他に、産業用の大型機器でも多数利用されています。

産業機器として、旋回モータを用いたNCマシーン（数値制御工作機械）、関節作動用ステッピングモータを用いた産業用ロボットや、鉄材と非磁性材の選別のための磁選機（44参照）などがあります。輸送・運輸にも関連しますが、エレベータ（45）やエスカレータにも電動磁石が使われています。

輸送機器として、自動車には大小100個以上の磁石が内蔵され、利用されています（46）。大型では電動モータによる電車や、超伝導コイルを用いた磁気浮上式リニアモータカー（48）もあります。

以上はほとんどが電気エネルギーや磁気エネルギーを力学エネルギーに変える機器（電動機、モータ）ですが、逆に、力学エネルギーを電気エネルギーに変える発電機（ジェネレータ）が風力発電や水力発電で活躍しています。火力発電や原子力発電では、熱エネルギーを力学エネルギーに変えて発電機により発電がなされています。

医療の診断でも超伝導コイルにより発生される磁場が有効に用いられています。その典型例がMRI（磁気共鳴映像法）であり、数テスラの磁場が利用されています。私たちの心臓や脳からは非常に微弱な電気信号や磁気信号（百兆分の1テスラ以下）が発生していますが、それらの超微弱信号の測定にはSQUID（超伝導量子干渉計）が用いられています。

そのほか、磁場と電流や荷電粒子との相互作用から生まれる力（ローレンツ力）を利用する超音速飛翔体や高エネルギーの粒子加速器（47参照）などがあります。電気のエネルギーを磁場のエネルギーとして蓄えておくSMES（超伝導磁場エネルギー貯蔵）装置（49参照）や、未来のエネルギーとしての核融合発電計画（50参照）でも大型の超伝導コイルシステムの開発が進められています。

要点BOX

- ●産業機器では様々な磁石やモータを利用
- ●回転エネルギーから電磁誘導で発電
- ●MRIは強磁場による医療診断

磁石の産業使用例

産業機器

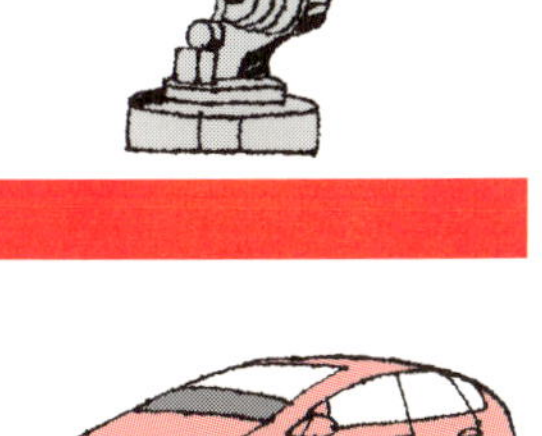

エレベータ　45
産業ロボット（関節作動モータ）
ＮＣマシーン（旋回モータ）
磁選機　44

輸送

自動車
　ドライビングモータ　46
　キースイッチ　46
　パワーステアリングのモータ（従来型は油圧モータ）
　エアコンのモータ
電車（電動モータ）
超伝導電磁推進船　47
リニアモータカー　48

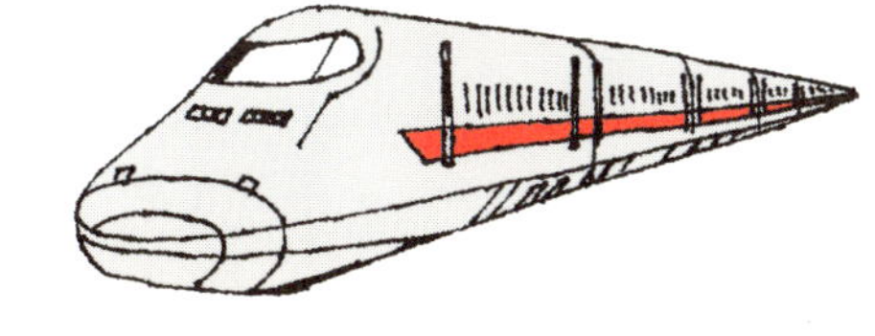

発電

風力発電
水力発電
火力発電

医療

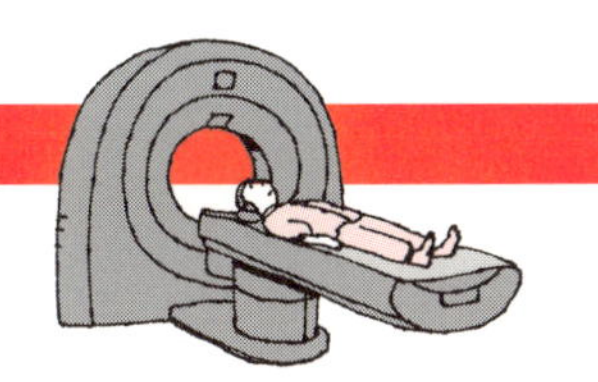

ＭＲＩ　57

その他

飛翔体　47
レールガン　47
粒子加速器
SMES　49
核融合　50

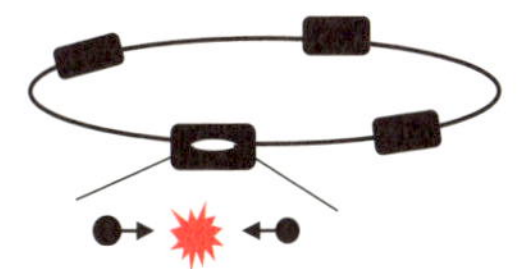

44 ゴミの中から、鉄とアルミとを分別する？

磁石と渦電流利用

工業品や農業作物の選別のために、比重、サイズ、電磁気特性などが利用されています。とりわけ、物質の磁気的性質の違いにより発生する磁力を利用して物質を選別することを「磁気分離」と呼びます。鉄分の除去や回収などの選鉱に多く用いられるほか、汚水処理、陶土の純化などで実用化され、海水中のウラン回収、石炭純化などの技術開発がなされています。自動車のスクラップや浄化槽内・流路など液中からの除鉄にも用いられています。スクラップの1次選別では主に鉄分選別の磁選機が、2次選別ではアルミや銅と非金属とを分別するアルミニウム選別機が利用されています。

磁選機（磁気選別機）では、コンベアでスクラップを移動させ、電磁石を制御して鉄分を吸引し、風力選別も利用して鉄分を選別します（上左図）。

アルミニウム選別機では、装置に内蔵されているドラムを高速に回転させると、ドラム表面の磁界がN極S極とめまぐるしく入れ替わり、強力な回転磁界が発生します。ここにアルミニウムや銅などを通過させると渦電流が発生し、この渦電流と磁界との相互作用により、アルミニウムや銅などを前方にはね飛ばすことができるのです（上右図）。

粒子の質量分析にも磁力が用いられています。原理は、電磁場内を通過する荷電粒子の軌跡がその質量と電荷との比によって決まることを利用しており、最も簡単には質量の電荷との比およびエネルギーが等しく速度の向きが異なるものを磁場セクターによって方向集束（方向が多少ズレていても同じ点に集まること）させて質量分析を行うことができます（下図）。さらに、この磁場の前に静電場を加えて、エネルギーの異なるイオンをあらかじめ分散させてから磁場中を通過させることにより、磁場のプリズム作用を利用して、速度および方向の二重集束を同時に実現することができます。

要点BOX

- 鉄分別の磁選機では風力選別も利用
- アルミニウム選別は回転磁石による渦電流利用
- 一様磁場による粒子質量分析

鉄・アルミの選別機の仕組み

●破砕物磁選機（1次選別）

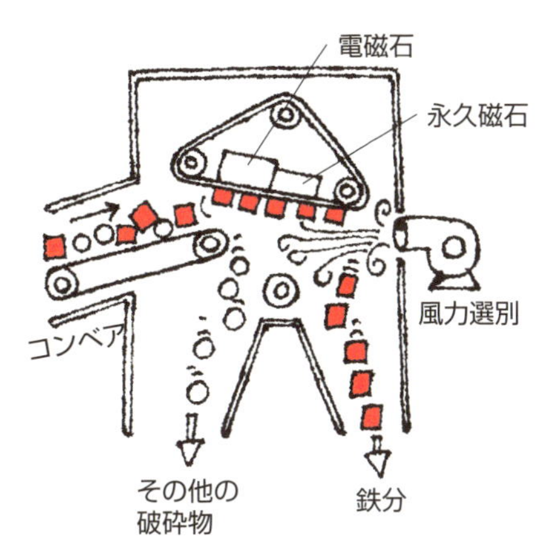

電磁石で，破砕物の中に含まれている鉄分を分離します。分離した鉄に風力選別機から風を当てて，選別の純度を高めます。

●アルミ選別機（2次選別）

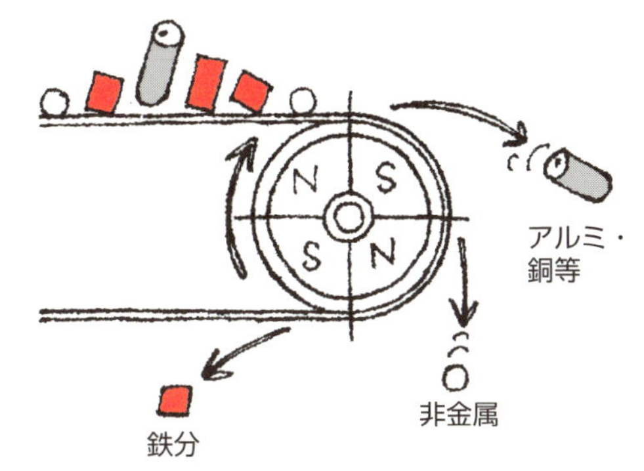

低速のコンベアに対して、磁石を高速で回転させることでアルミや銅には渦電流が流れ、遠くへ飛ばすことができ、鉄や非金属と選別されます。

偏向磁石による質量分析

●磁場セクター

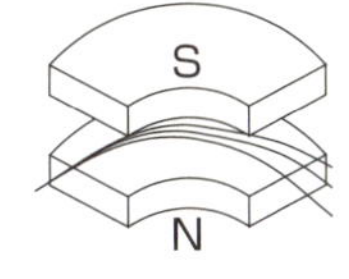

偏向用磁石
（磁場は下から
上の方向）

●一様磁場中のイオンの軌道の方向収束

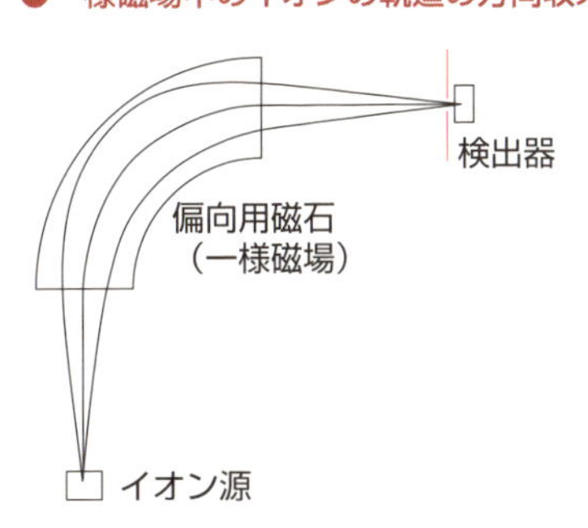

●一様磁場中のイオンの軌道の分散

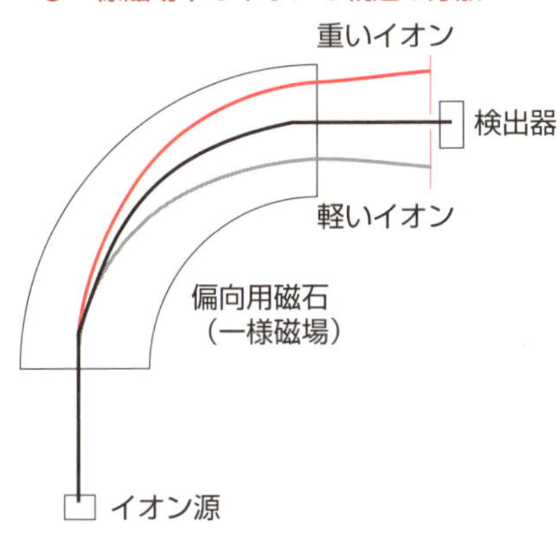

前段に電場セクター（図では省略）を組み入れて速度収束し、後段に方向収束して、特定の速度の粒子束の質量分析が行われます。

45 エレベータでの磁場利用とは？

巻き上げ駆動用と位置検出用

高層ビルでは高速のエレベータが活躍しています。エレベータには、モータの回転を利用したロープ式と、電動ポンプを利用した油圧式などがあります（上図）。

ロープ式は現在の高層マンションでの主流ですが、カゴと釣り合う重り（カウンターウェイト）をロープで結び、巻上機のモータの回転で昇降させる方式です。油圧式では、油圧によって上下するシリンダにかごを連結させて昇降させる仕組みです。低層の建物で使われており、石油系鉱物油では消火設備や機械室が必要です。最近は不燃性の水グリコーゲン系の液を使うことで、消火設備が不要で環境にやさしいエレベータが設置されています。この油圧式、水圧式にも、ネオジム磁石を用いた電動モータが活躍しています。現在は、移動方向が斜めの自在のエレベータも、リニアモータ方式で開発されています。

エレベータでの磁石利用では、巻き上げ駆動用モータの他に、位置検出用のリードスイッチと差動トランスとがあります（下図）。磁石とリードスイッチ、鉄製遮蔽板を組み合わせて位置検出を行います。リードスイッチとは、磁束変化によって鉄製リードが開閉するスイッチ素子です。鉄のように透磁率の高い物質は磁束をよく通過させるので、図のように遮蔽板がない状態では、磁石からの磁束は鉄製リード（導線）の内部を通過し、スイッチがオンとなります。一方、磁石とスイッチの間に遮蔽板がはいると、磁束は遮蔽板内部を通過し、リードは開き、各階の停止位置を電気信号として得ることができます。停止位置をよりきめ細かく感知するためには、電磁誘導の原理を利用した位置検出用差動トランスを使います。正確な停止位置では、2次コイルの差動の誘導起電力はゼロとなり、遮蔽板の位置が上下にずれると、2次コイルを貫く磁束の量が増減し、誘導起電力の違いとなって表れます。

要点BOX

- エレベータは巻き上げ型、油圧型、リニア型
- 非接触位置センサとして、磁力を用いたリードスイッチと差動トランス利用

エレベータの構造

●ロープ式（巻き上げ機に磁力利用）

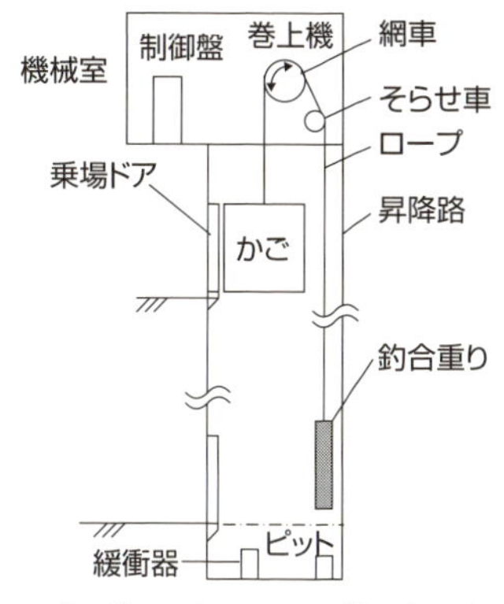

ステッピングモータで、かごに釣り合う重りをつけたひもを巻き上げます。現在の主流の方式です。

●油圧式（電動ポンプに磁力利用）

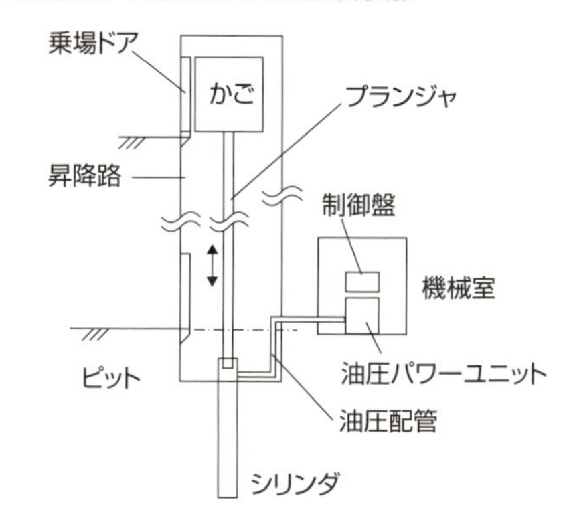

電動ポンプで油圧を制御します。低層マンションで使われてきた方式です。水グリコールを用いた不燃で環境にやさしい方式も注目を浴びています。

磁石利用のエレベータの位置検出

●位置検出用リードスイッチ

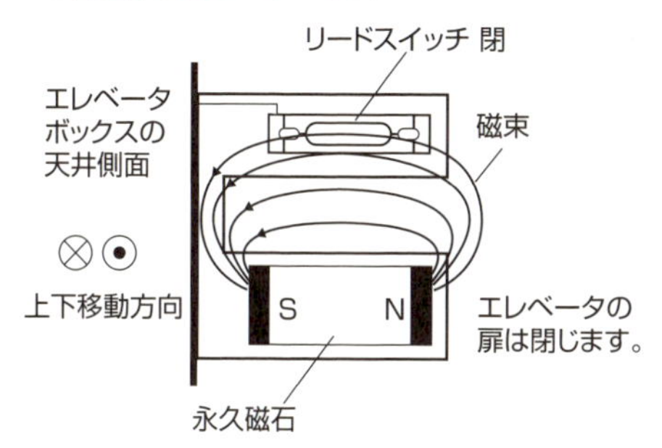

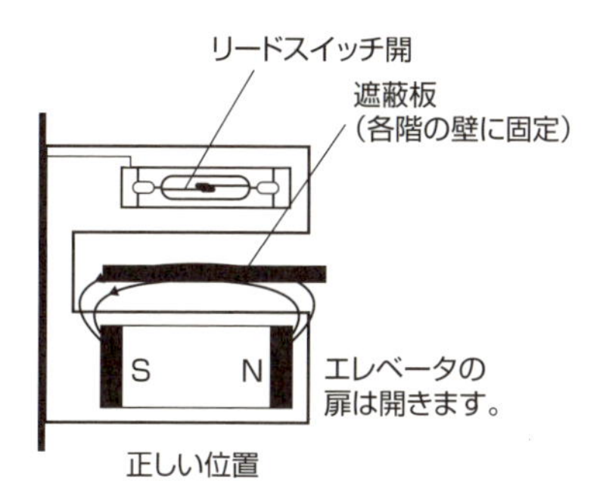

●位置検出用差動トランス（ディファレンシャル・トランス）

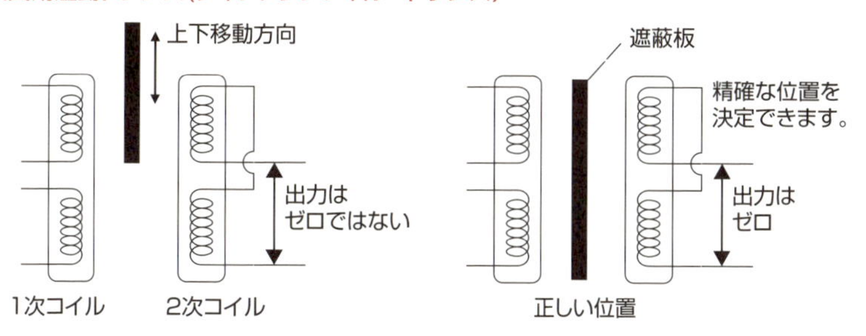

46 自動車には多くの永久磁石がある？

強磁場小型化

電気モータは現代の私たちの生活を支えている大切な存在です。ハイブリッドや電気自動車の走行動力用のモータから、パワーウインドウやワイパーを動かすための小型モータなど、車1台あたり、モータの数は大小合わせて百個程になります（上図）。

電気自動車の心臓部は走行駆動用のモータであり、DC（直流）モータとAC（交流）モータがあります。DCモータは安価で、これまで様々なところで使われてきた実績があります。小型で軽量化できることもメリットです。一方、ACモータは大型で高価ですが高度な制御が可能であり、現在の電気自動車モータの主流となっています。ACモータには、DCのバッテリーから周波数と電流量を調整しながらACに変換するインバータが必要となります。自動車では0から1万rpm（毎分の回転数）のモータ駆動がなされます。

電気自動車にはシフトレバーやクラッチペダルはなく、トランスミッション（変速装置）がなくても、直接タイヤに動力を効率よく伝達できます。そのため、電気モータは、起動段階から最大トルク（回転力）を得ることができます。

電気自動車の駆動方式は、モータを車体側に設置しドライブシャフトなどでタイヤに動力を伝達する「オンボード方式」と、ホイール内にモータを設置する「インホイールモータ方式」とがあります（下図）。特に、インホイールモータ方式では、動力が直接タイヤへ伝達され、ギアや駆動軸などによるエネルギー損失がありません。また、四輪すべてを個別に制御できるため、駆動力の配分を自在に制御できるなど、多くのメリットがあります。

回転や直線移動用のモータや、油圧ポンプや熱ポンプのモータなど、様々な磁石が用いられています。キースイッチにもマグネットスイッチ（電磁開閉器）が使われています。

要点BOX
- ●自動車1台あたり100個近くのモータ
- ●ACモータとインバータで自在制御
- ●独立4輪駆動はインホイールモータ方式

自動車用各種モータ

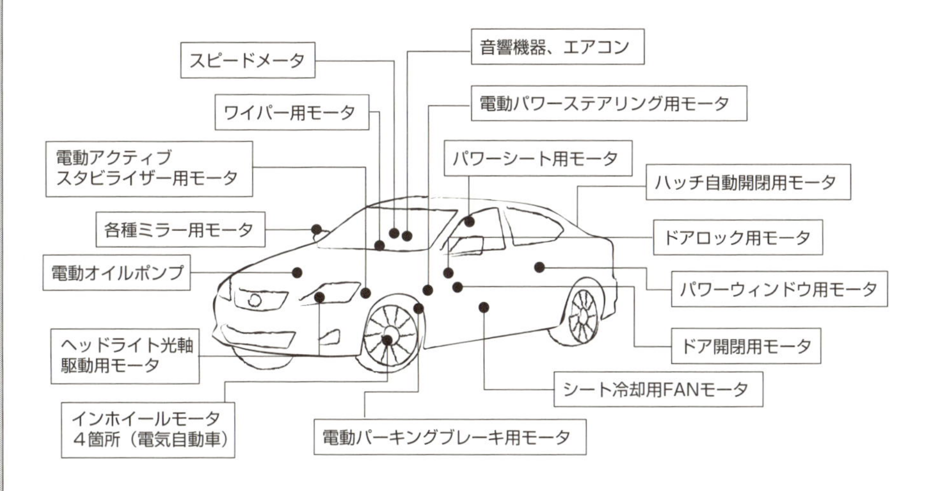

自動車には１００個近くの様々な磁石が利用されています。

電気自動車の駆動方式

●オンボード方式

車載充電装置
バッテリ
コントローラ
モータ

動力装置は、モータ、バッテリ、コントローラ（動力制御装置）などから構成されています。

●インホイール方式

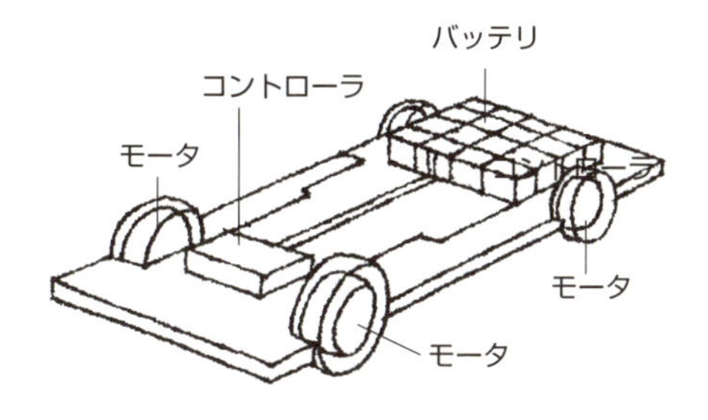

強力なネオジム磁石（希土類磁石）によって、モータの小型化が実現し、各々のタイヤを直接駆動するインホイールモータ方式が誕生しました。

47 磁力によるさまざまな加速器とは？

ガウス加速、電磁加速砲

磁力を利用した装置として、さまざまな加速器や飛翔体があります。磁場のエネルギーを運動の力学エネルギーに変換する機器です。

第1の例として、磁石の磁力エネルギーを力学エネルギーに変換するガウス加速器があります。同じ質量の鉄球と磁石球を図のように置き、左から鉄球をぶつけると、磁石の引き付けるエネルギーが加わって速度が飛躍的に高まります。これを何段にも重ねることで超高速のエネルギーが得られます（上図）。

第2の例として、電磁飛翔体加速装置があります。平行駆動電流によるレールガン方式と、多段型円筒電磁誘導電流によるコイルガン方式があります。前者のレールガンの場合は、レールから電機子にパルス状の大電流を流し、強力な磁場を発生させます。これで得られた磁場と電流とのローレンツ力が推進力となり、発射方向に飛翔体が加速されます（中図）。自衛隊ではレールガンの大砲を開発中であり、秒速2000メートル（時速7200キロメートル、音速の約6倍のマッハ6の速度）の高速度を目指しています。遠い将来には、宇宙ロケットの発射台としての超高速飛翔体加速装置の開発も構想されています。

第3の例として電磁推進船があります。船底部分から海中にかけて上下方向に強力な磁場を発生させ、これに直角方向の電流を海水中に通すことによりフレミングの左手の法則により海水を押しやることで推進するものです（下図）。磁場に垂直な電流に加わる力（ローレンツ力）を利用します。スクリューのプロペラ推進と異なり、この電磁ジェット推進では騒音や振動が少なくなり、推進効率も向上します。

世界最初の電磁推進船は日本の「ヤマト1」であり、1992年に完成しています。有効な推進力を得るためには超伝導コイルによる20テスラほどの磁場強度が必要となり、現在の技術レベルでは非常に困難だと考えられています。

要点BOX
- ●教育機材としてのガウス加速器
- ●電磁飛翔体は超音速でマッハ6
- ●超伝導電磁推進船には20Tの超高磁場必要

ガウス加速器（身近な教材）

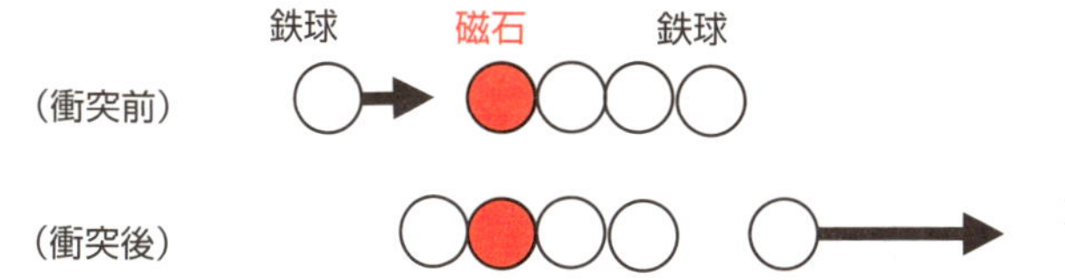

磁石がない場合は速度は変化しませんが、磁石がある場合には、磁場のエネルギーにより加速されます。

左から飛んできた鉄球は球磁石に引かれて衝突し、順々に力が伝わって、右端の鉄が飛び出します。

レールガン（電磁飛翔体）の原理

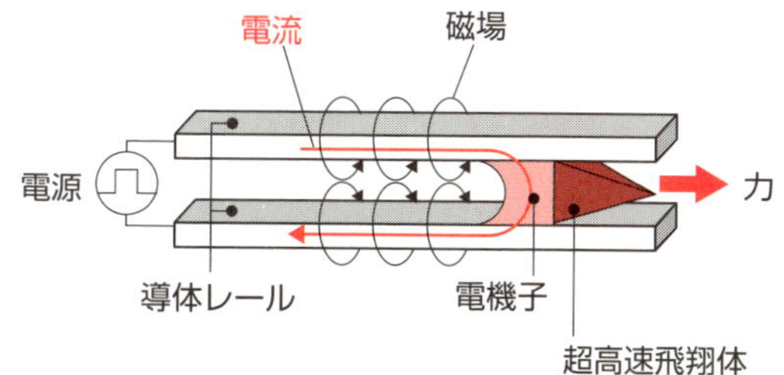

電機子にパルス的な大電流を流すことで、磁気圧で飛翔体を飛ばすことができます。

超伝導電磁推進船の原理

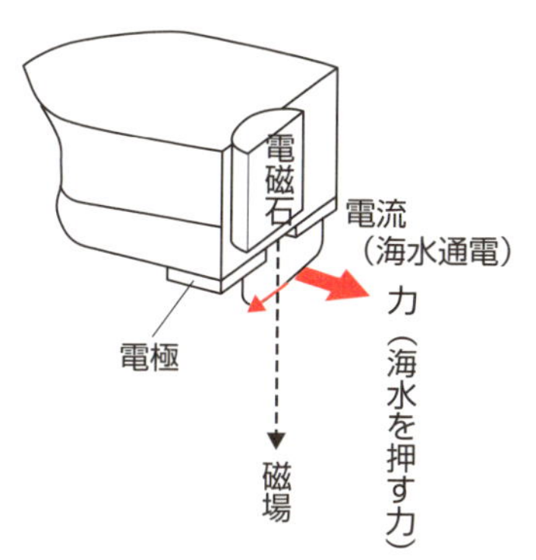

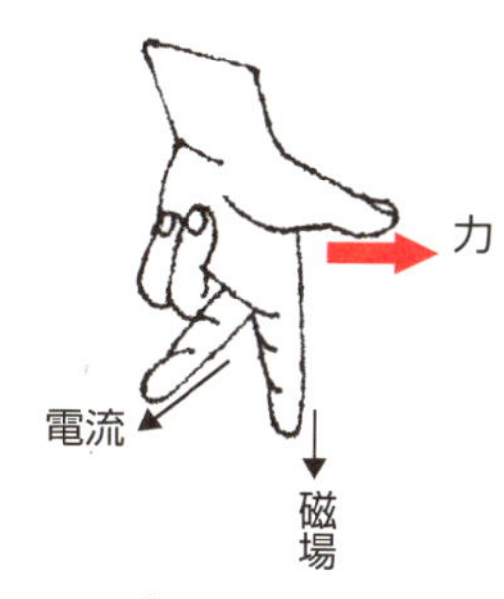

フレミングの左手の法則
（電流×磁場→力）

海水中を流れる電流と磁場との作用で海水に推進力を与えます。

48 磁気浮上のしくみは？

超伝導リニアモータ

通常のモータは磁力により回転運動を作ります。この回転モータを直線状に引きのばしたのがリニアモータです。モータの内側の回転子が車両に搭載される電磁石であり、外側の固定子が地上のガイドウェイに設置される推進コイルに相当します（上図）。

推進と電磁ブレーキ用に常伝導コイルでの磁力を使って走行する方式は既に実用化されており、鉄輪式リニアと呼ばれています（中図）。東京の地下鉄大江戸線など多数あります。常伝導コイルで磁気浮上をも行う鉄道は常伝導リニアと呼ばれ、ドイツのトランスラピッドや愛知東部丘陵のリニモなどがあります。安価ですが、磁力が弱くて浮く高さは1センチメートルほどしかありません。超伝導リニアの場合は、10センチ浮かすことができ、高速化や地震対策に有効です。現在建設中のリニア中央新幹線は2027年に東京・品川から名古屋まで完成し、2037年には大阪まで延長する計画です。

リニアでの磁力は、浮上、案内、推進の役割に使われます（下図）。車両を浮上させるために、ガイドウェイの側壁の内側に、8の字の形をした「浮上・案内コイル」が取り付けられています。このコイルの中心から数センチメートル下側を車上の超伝導磁石が高速で通過すると、コイルに電流が誘起されて、8の字の下のループに超伝導磁石を押し上げる力（反発力）と、上のループに引き上げる力（吸引力）が発生し、車両を浮上させます。左右向かい合う浮上・案内コイルは、走行路の下を通してループになるように接続されており、車両の超伝導磁石が左右どちらかに偏ると、このループに電流が誘起されて、車両を中央にガイド（案内）します。超伝導コイルの車両の推進には、推進用のコイルに、電流（三相交流）を流し、ガイドウェイに移動磁界を発生させます。車上の超伝導磁石がこれに引かれたり、押されたりして車両は進みます。

要点BOX
- ●リニアモータは直線状に伸ばしたモータ
- ●常伝導リニアは国内実用化済みで浮上1センチ
- ●超伝導中央リニア新幹線では浮上10センチ

リニアモータの概念

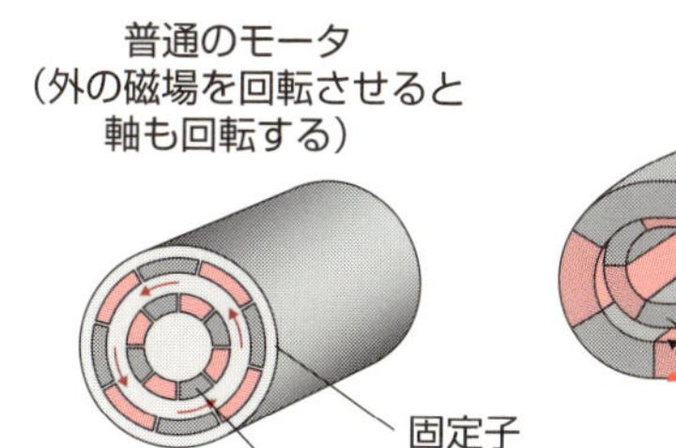

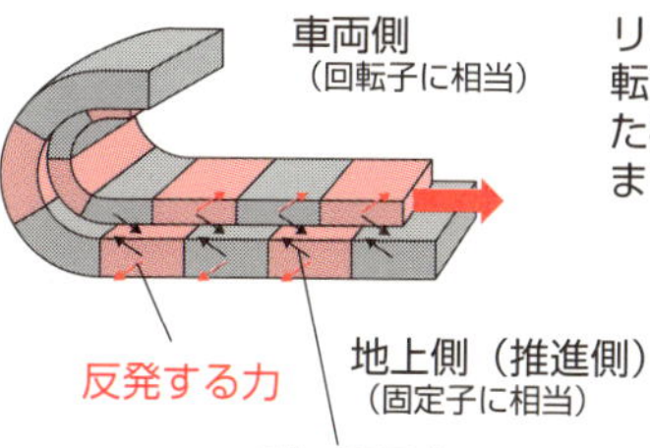

リニアモータは、通常の回転モータを、直線に伸ばした構造と考えることができます。

リニアモータカーの種類

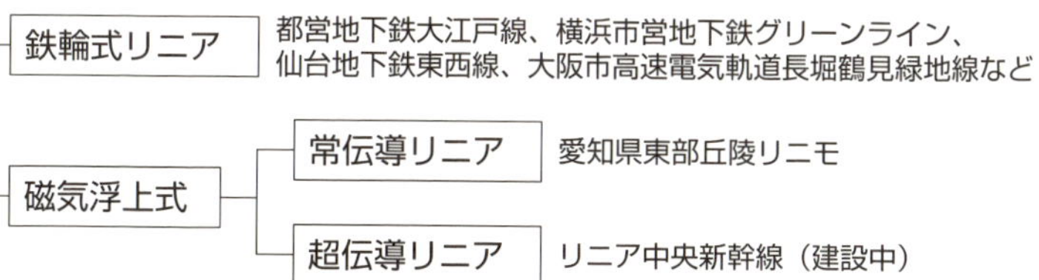

超伝導リニア中央新幹線の仕組み

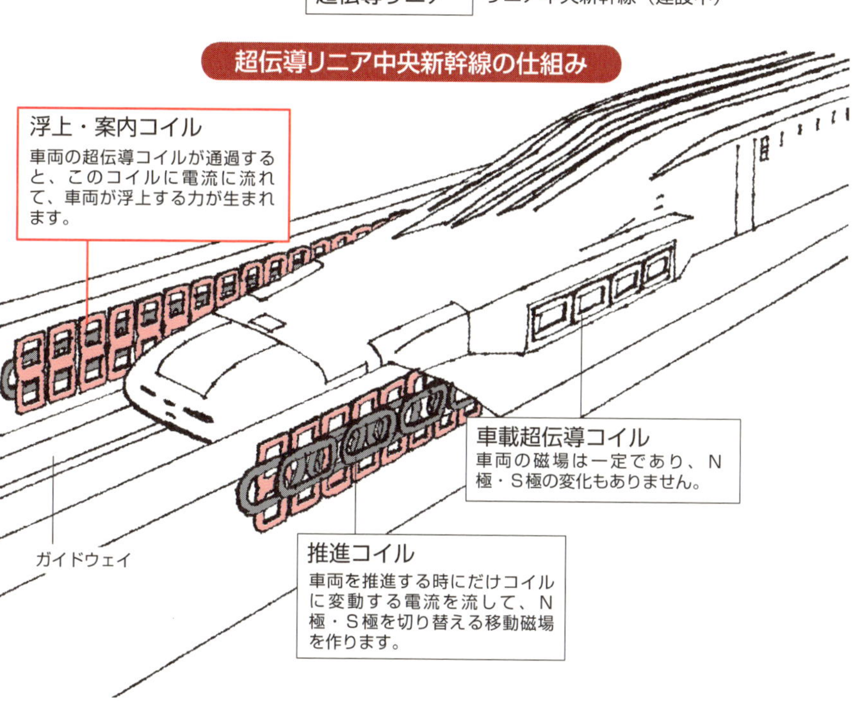

49 SMESとは？

超伝導磁気エネルギー貯蔵

真夏の暑い昼間には電力のピークが来ます。電力の負荷変動は年々厳しくなってきています。対策として、夜間に生成されるエネルギーを貯蔵して昼のピーク時に使うことが必要です。電気エネルギーの貯蔵は容易ではありません。他のエネルギー形態で貯蔵して、必要なときに電力に変換する方法が一般的です。典型的な例として、電力を化学エネルギーとして貯蔵する蓄電池があります。はずみ車（フライホイール）効果により力学エネルギーに変換・貯蔵して、短時間に高出力な電力供給を行います。

電気エネルギーをほかのエネルギーに変換するのではなく、コイルに電流を流して磁気エネルギーとしてインダクタンスに貯蔵する方法もあります。これはSMESと呼ばれています。エネルギーの変換の損失が少なく、貯蔵や取出しの効率が高いことが特長です。また、電池のように化学反応を利用した電力貯蔵では急速な充放電は難しく、繰り返し充放電には回数の制約がありますが、SMESは短時間の電力の出し入れに強く、貯蔵部のコイルは数万から数十万回の充放電に耐えることができます。

SMESでは、コイルに電気抵抗が原理的にゼロである超伝導線を用います（上図）。電力を交流から直流に変えて、冷凍機で冷やされた超伝導コイルに電流をゆっくりと蓄えていきます。定格電流になった時に永久電流スイッチを閉じ、同時に直流遮断スイッチを開いて、クライオスタット内のコイルに磁気エネルギーを貯蔵します。機器異常時のための放電用保護スイッチや直流しゃ断スイッチも設置されています。下図には都市から離れた場所に設置された大規模SMESの概念図を示します。

実用化されたSMESとしては、ニオブチタン合金線材の超伝導コイルによるSMESが、日本国内でも稼働しており、電力系統に設置され瞬時電圧降下に対して実用性が証明されています。

要点BOX
- ●SMESは永久電流による磁気エネルギー貯蔵
- ●SMESは電気エネルギーを電流（磁気）として貯蔵するので高効率

SMESの原理

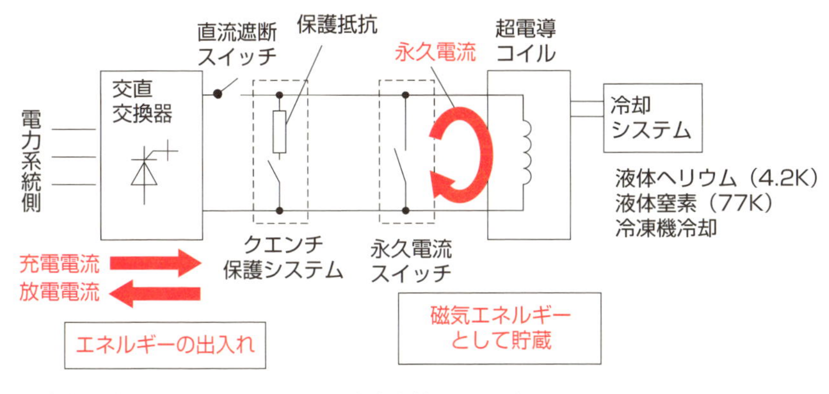

永久電流スイッチをONにして、直流遮断スイッチをOFFにすることで、コイルに永久電流を流し、磁気エネルギーを貯蔵することができます。

大規模SMESの概念図

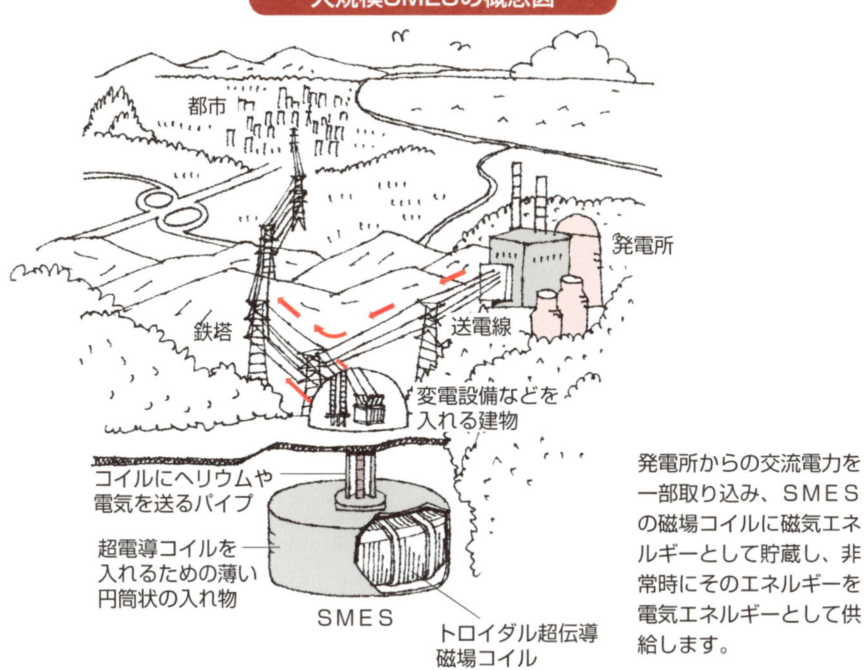

発電所からの交流電力を一部取り込み、SMESの磁場コイルに磁気エネルギーとして貯蔵し、非常時にそのエネルギーを電気エネルギーとして供給します。

用語解説

SMES：Superconducting Magnetic Energy Storage：超伝導磁気エネルギー貯蔵

50 磁場核融合とは？

プラズマの磁気閉じ込め

太陽の内部では水素の原子核同士が融合してヘリウム原子核となる核融合反応が起こっています。この反応は非常にまれにしか起こりませんが、太陽の質量が膨大なので、大量の太陽エネルギーを私たちに送り続けてくれます。

地上の太陽を創る計画では、より反応しやすい重水素（D、陽子1個と中性子1個）と3重水素（T、陽子1個と中性子2個）とを融合させて、ヘリウム4と中性子を作ります。これはDT核融合と呼ばれています。お互いに衝突するためには電子と原子核がバラバラな状態のプラズマ（電離気体）状態を作り、高温、高密度で一定時間閉じ込めて核反応を起こさせます。

核融合プラズマの閉じ込める方法として最も有望視されているのは、環状磁場閉じ込め方式のトカマク型です。トロイダル磁場（環状磁場）とプラズマ電流によるポロイダル磁場とを用います。ドーナツの断面を円形からD形に変形させることで閉じ込め性能を向上できますが、そのための平衡・形状制御のためのポロイダル磁場をも加えます。それらを組み合わせて、1本の磁力線で磁力線のかご（磁気面）を作ります（上図）。磁気面ごとに磁力線の方向を変化させ、磁場の捩れ（磁気シア）を作り、荷電粒子が磁場のかごから逃げないように工夫されています。

核融合発電炉では、これらの外部磁場を作るために大型で高強度の超伝導電磁石を使います。氷点下269度で運転される超伝導コイルに囲まれた中に、数億度の超高温のプラズマを閉じ込めて、核融合炉による電気エネルギーを作りだすのです（下図）。

現在、国際協力で大型の国際熱核融合実験炉（ITER）の建設がフランスで進められています。この装置では、5・3テスラの超伝導電磁石の製作・運転とその磁場による核燃焼プラズマの制御が、計画成功の大きな鍵となっています。

要点BOX

- ●磁場によるプラズマの閉じ込め
- ●トカマク型核融合発電炉では超伝導コイル利用
- ●核融合国際協力のITER

核融合の磁場構造

●ＤＴ核融合反応

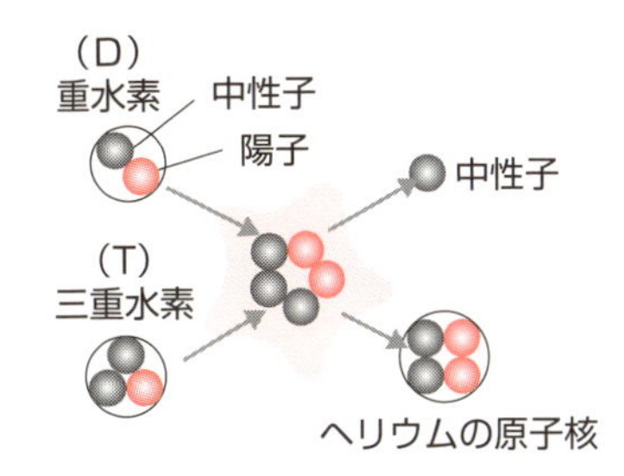

●トカマク型閉じ込め磁場

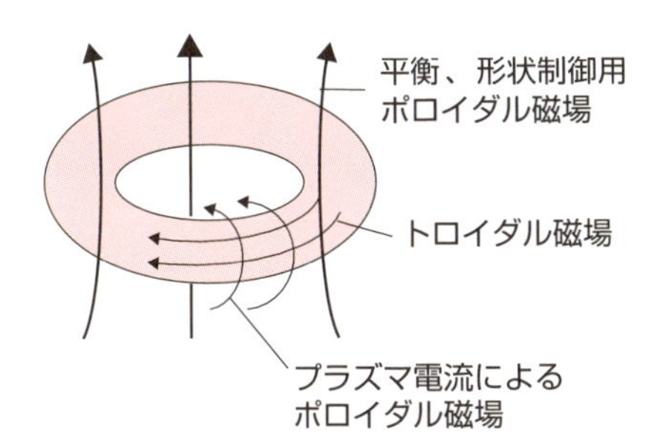

●円形断面の
トカマクプラズマの磁気面

磁場核融合による発電

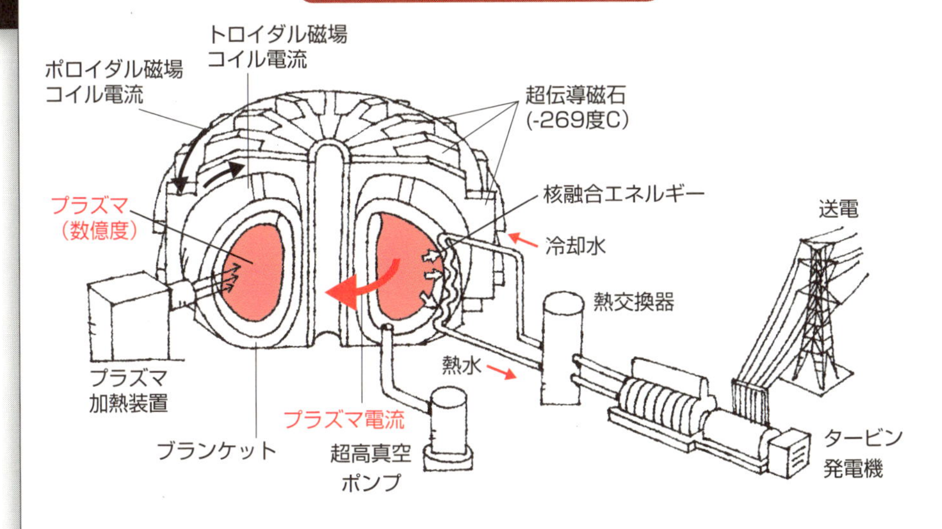

Column

核融合炉が暴走する？映画「スパイダーマン2」

映画「スパイダーマン2」では、夢の人工太陽・核融合炉がでてきます。第1作の「スパイダーマン」では、博物館で蜘蛛にかまれて超能力を持つようになった主人公ピーター・パーカーは高校生でしたが、2作目ではニューヨーク市のコロンビア大学の物理学専攻の大学生です。ピザ配達のアルバイトを行うものの、途中での事件を見過ごすことができず、いつも配達が遅れてしまいます。

ある日、ピーターは友人ハリーの紹介で尊敬する科学者オットー・オクタビアスと出会います。翌日、オクタビアス博士が観衆の前で核融合の実証実験を行います。博士は脊髄に人工知能を搭載した金属製の6本のアームを直結し、そのアームで核融合の制御実験を披露する予定でした。実験は順調に進みますが、実験装置に過負荷がかかり、暴走して強力な磁場が発生し、色々な金属が吸いつけられてしまいます。会場は粉々に破壊され、観衆はパニックになり、その場に居合わせたピーターがスパイダーマンとして活躍し、最悪の事態は免れますが、博士自身も意識不明となってしまいます。事故で制御チップを失ったアームの人工知能が覚醒し、思考をアームに支配された博士は「ドック・オク」と化し、暴れまわります。

映画の中での核融合実験には、ミニ太陽の輝く球が描かれ、強力な磁場による磁場核融合（50参照）と光の圧力によるレーザ核融合とを組み合わせたシステムかのような映像が登場します。暴走した核融合反応を止めるために、建屋そのものを水に沈めるシーンも出てきます。

核融合炉がSF映画に登場すること自体、夢多き未来技術であることを物語っています。

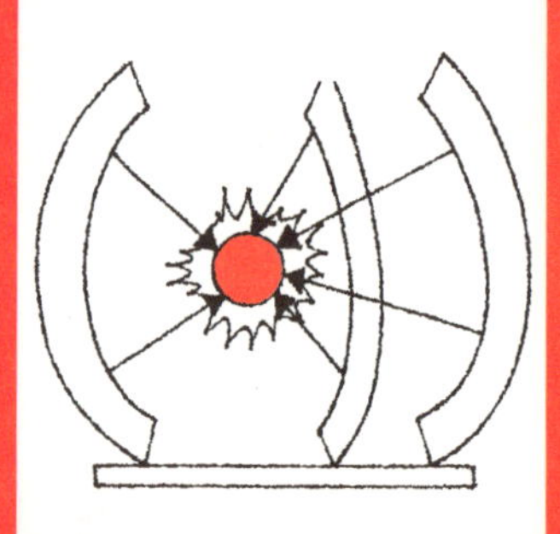

映画にでてくる人工太陽
磁場とレーザとの組み合わせ(?!)の核融合炉

「スパイダーマン2」
原題:Spider-Man 2
製作:アメリカ
監督:サム・ライミ
主演:トビー・マグワイア、キルステン・ダンスト
配給:ソニー・ピクチャーズ・エンターテインメント
公開:2004年7月

第7章 生命の不思議な磁力

51 生体電流と生体磁場とは？

つなぎわせた死体に雷の電流を流して蘇生させる有名な小説「フランケンシュタイン」は、1818年のメアリー・シェリー女史の原作ですが、この小説はガルバーニのカエルの脚の実験からヒントを得たものと言われています。イタリアの解剖学者ガルバーニ（1737～1798）は、1771年にカエルの脚が金属片に触れると筋肉が痙攣することを発見し、1791年に筋肉を収縮させる力を「動物電気」と名付けました。これが生体の電気現象の解明の始まりでした。実際には2種類の金属の間の接触電圧が発生したことによる痙攣であったことが、イタリアの物理学者アレッサンドロ・ボルタ（1745～1827）により明確化され、1800年の「ボルタの電堆（でんたい）」の発見につながりました（上図）。

現代では、脳や筋肉の活動により細胞レベルで電気が発生していることがわかっています。人間には2百マイクロアンペアほどの微弱な「生体電流」が流れているのです。心臓から電気が発生していることは1903年にオランダのW・アイントーフェンが発見し、1924年にノーベル生理学・医学賞を受賞しています。

一方、磁気に関してはドイツの医師メスメルにより磁石による病気治療がなされていましたが、1775年に動物磁気説（メスメリズム）を唱えました。1780年代半ばにフランス科学アカデミーの評価委員会で、「メスメルの流体による動物磁気治療には根拠がなく、催眠療法である」と結論づけられました（下図）。メスメルの名前はmesmerize（催眠術をかける）として残っています。

人間は地磁気の中で生活しており、磁場による生体への何らかの影響があることが想像されますが、磁気治療器では効果が出ないのではとの考えが、現代では主流と考えられています。

要点BOX

- ●生体電流はおよそ2百マイクロアンペア
- ●ガルバーニの動物電気説は接触電圧説で否定
- ●メスメルの動物磁気説は催眠療法と断定

動物電気説の否定

●ガルバーニのカエルの実験
（1771年）

●「動物電気」説の提案
（1791年）

●ボルタの電堆（でんたい）実験で
「接触電圧」説を実証（1800年）

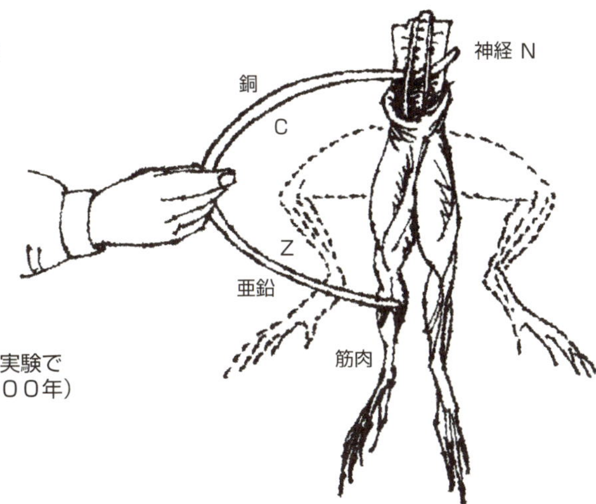

動物磁気説の否定

●メスメルの動物磁気治療
（1774年）

●「動物磁気」説（メスメリズム）の提唱
（1775年）

●フランス王立の委員会で
動物磁気治療を否定（1784年）

（催眠療法と考えられる）

メスメルの動物磁気治療の様子

52 生体内で磁場が発生している？

私たち生命は、地球の磁場のおかげで宇宙からの危険な放射線から守られてきました。地球磁場はおよそ25～65マイクロテスラであり、赤道では弱く、高緯度地域で強い磁場となっています。実は、私たちの身体の中にも、かすかな電流による微弱な磁気が発生しています。生体に関連するこれらの磁場の研究領域はバイオマグネティックスと呼ばれています。

体内に磁石を持って方位磁針の様に利用している生物がいます。数十マイクロテスラの地磁気を感じて活動する細菌や渡り鳥、回遊魚です。

都会では地磁気の百分の1以下の数百ナノテスラの磁場雑音があふれています。磁気抵抗素子で磁場の強さが測定できます。

人体に関しては、大気汚染や職業環境によって、自覚しない間に磁性粒子が侵入して、肺が磁性粒子に汚染されている場合があります。磁場の強さは1ナノテスラです。また、私たちの心臓からは百ピコテスラの磁場が発生しており、自発脳波形からはピコテスラ（1pT＝10^{-12}T）の微弱な磁場が観測されます。SQUID（超伝導量子干渉計）素子を用いれば、数フェムトテスラ（1fT＝10^{-15}T）の超微弱な磁場をも計測できます。

一方、日用生活では事務用品やおもちゃで、ミリテスラ（10ガウス、10G）から百ミリテスラ（1キロガウス、1kG）ほどの局所的な磁場が利用されており、そこからやや弱い磁場が漏れ出ています。

一方、超伝導技術、大電流技術や強磁場技術の進展などに伴って、MRI（磁気共鳴映像法）などの医療機器で数テスラの強い磁場も生体への直接的な利用がなされてきています。磁場強度の測定はホール素子で可能です。これらの強い磁場の生体へ及ぼす影響が改めて問われてきて、許容磁場レベルのガイドライン（58節）も定められています。

磁気走性細菌のマグネトソーム

要点BOX
- ●心臓磁場は百ピコテスラ
- ●脳磁場は1ピコテスラ以下
- ●脊髄磁場は十フェムトテスラ

生体と磁場

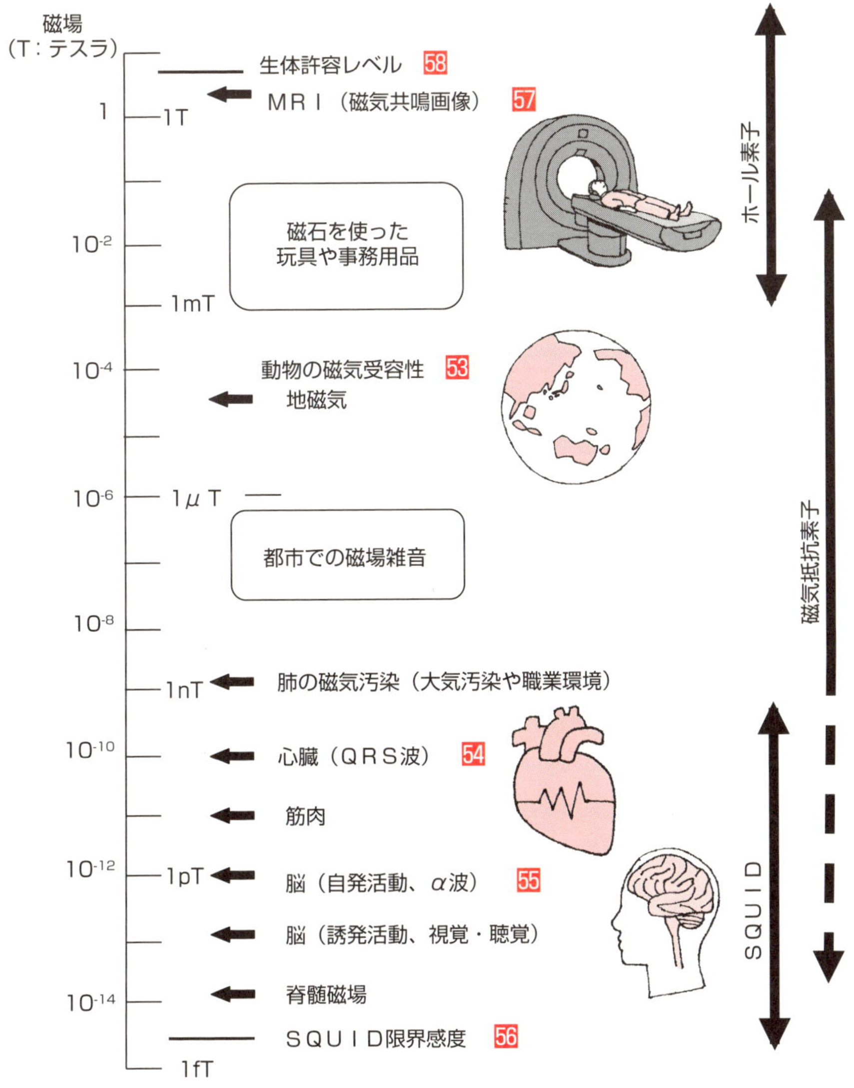

磁場
（T：テスラ）

生体許容レベル 58

MRI（磁気共鳴画像） 57

1 —1T

磁石を使った
玩具や事務用品

10^{-2}

1mT

10^{-4}

動物の磁気受容性 53

地磁気

10^{-6} 1μT

都市での磁場雑音

10^{-8}

1nT 肺の磁気汚染（大気汚染や職業環境）

10^{-10} 心臓（QRS波） 54

筋肉

10^{-12} 1pT 脳（自発活動、α波） 55

脳（誘発活動、視覚・聴覚）

10^{-14} 脊髄磁場

SQUID限界感度 56

1fT

ホール素子

磁気抵抗素子

SQUID

53 方位磁針を持つ細菌や渡り鳥がいる

太陽コンパスと磁気コンパス

私たちは方位磁針を用いて地磁気から東西南北を確認できます。生物の中には、体内に磁石を持っていて、地磁気を感じて北や南へ向かって泳ぐ微生物がいます。1975年に走磁性細菌が発見され、細菌の体内からは磁性粒子としてのマグネタイト（Fe_3O_4）の単結晶の十数個の列が見つかっています。それが全体でマグネトソーム（生体磁石）を形成しています。磁力線の方向からのずれからトルクを検出し、磁力線と平行になったとき、走磁性細菌が最小のエネルギーで泳ぐと考えられています（上図）。

この走磁性細菌は酸素濃度の低い泥の中の環境で生育しており、北半球では地磁気に沿って泳げば低濃度酸素の領域に到達できます。空気中の5分の1程度の酸素環境を好む微好気性と呼ばれる細菌にとっては、水の表面では光と酸素が多すぎるのです。南半球の細菌では、北半球とは異なり南方向に動き、同じように下方へもぐることが確認されています。

このように磁気センサとしての生物器官が、ハトやミツバチの体内からも発見されています（下図）。ウナギ、サケ、マグロやイルカなども磁場を利用しているのではないかと考えられています。ニホンウナギはレプトケファルス幼生、シラス、親魚へと成長しますが、産卵場はマリアナ諸島沖であり、シラスウナギの段階から磁場を感じることが実験で示されています。動物のこの方向感覚に地磁気が役立っているかどうかの確認実験として、伝書鳩やミツバチに地磁気以外の磁場を付加した実験がなされています。第一には視覚による太陽の位置（太陽コンパス）を頼りに移動していますが、方向を確認するのに付加的に地磁気（磁気コンパス）を使っていることが明らかとなっています。ハトやミツバチも磁性体としての磁鉄鉱の結晶を体内に持っていることが明らかとなっていますが、磁場を認識する現象（磁気受容性）のメカニズムは完全には解明されていません。

要点BOX

- ●磁気走性バクテリアは
- ●ハト、ミツバチはマグネタイトを体内に保持
- ●ニホンウナギも幼少時から磁気受容性を持つ

磁場を感じる細菌

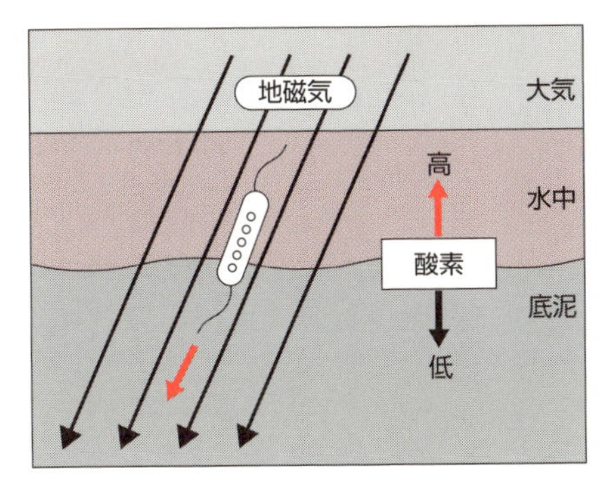

体内の磁石で、地磁気の磁力線を感じ取り、その向きに沿って進むことで、酸素の少ない生息しやすい環境にたどり着くことができます。

べん毛　マグネタイト（磁鉄鉱）結晶

マグネトソーム
（細胞内磁気センサ）

べん毛

その菌体内に50～100nmの「マグネタイト（磁鉄鉱）」の微粒子が10～20個ほど連なった「マグネトソーム（細胞小器官）」を持っています。これが磁気センサとなっています。

磁場を感じる細菌

太陽コンパス説（太陽の位置利用）
磁気コンパス説（地磁気の方向利用）

●伝書鳩

レース鳩（伝書鳩）は、遠い所から放しても、自分の巣に戻ること（帰巣）ができます。ハトは太陽の位置と付加的に地磁場を感じとることにより自分の巣の方向を知ります。

ハトの内耳にある「壷嚢（このう）」という感覚器官が磁気センサの役目をしています。

伝書鳩の帰巣は学習効果にも関連しています。

54 心臓からの磁場信号とは?

心電図に勝る心磁図

　神経や筋肉のように刺激によって顕著な反応を起こす細胞は「興奮性細胞」と呼ばれており、刺激によって「活動電位」と呼ばれる電位が発生します。

　心電計では心臓の筋肉（心筋）の活動電位の変化を測定します。右心房の上大静脈基部にある洞結節から電気的刺激が規則正しく発生し、心室へと伝わります（上図）。心臓の活動電位は体表面にも伝搬しますので、四肢や胸に電極を装着して誘導すると1mV程度の起電力が観測されます。これが「心電図（ECG）」です。心臓に微弱な電流が流れていれば、そこに磁場が発生します。この微小磁場を超伝導量子干渉計（SQUID）で計測して、「心磁図（MCG）」が得られます。心電図のQRS波は心室が興奮するときの100ミリ秒の波形であり、その時の磁場は地磁気の百万分の1程度の百ピコテスラ（100pT）ほどです。心電計測と異なり、心磁計測では皮膚や骨の影響が少なく、磁場は時間変化する3次元のベクトル量で、高い分解能を持つ測定結果が期待できます。

　特に、子宮内の胎児は胎脂と呼ばれる電気絶縁性が高い物質で覆われており、心電計での測定は困難なので、胎児の心臓の疾患の有無の診断には、現在は超音波診断装置（エコー装置）を利用するしかありません。心磁計では胎脂の影響を受けずに測定可能であり、妊婦の心磁界の影響も受けずに解像度の高い計測が可能となります（下図）。

　SQUIDによる心磁計では、極低温の液体ヘリウムの容器が必要で、大型化してセンサを接近できないことや、測定可能なダイナミックレンジが狭く、環境磁気ノイズを減らすためにシールドルームが必要となります。現在、常温での測定が可能でダイナミックレンジの広い機器として、TMR（トンネル磁気抵抗）素子が開発されてきています。将来は、ウエアラブルデバイスとしてTMR心磁計が誰もが利用できるようになることに期待したいと思います。

要点BOX
- ●心電計では心臓での活動電位を電極で測定
- ●心磁計では生体電流からの磁場を非接触測定
- ●胎児の心電図は困難で、将来的に心磁図に期待

活動電位の伝達と電流と磁場

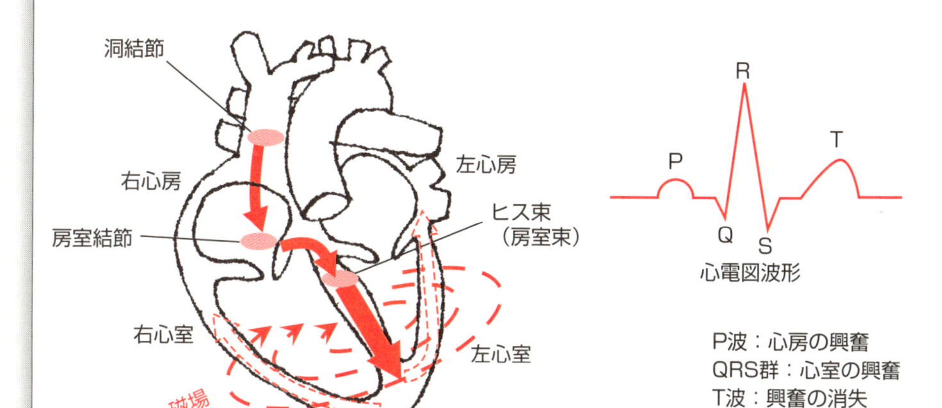

矢印は活動電位（興奮）の伝達であり、
微弱電流が流れます。

心電図と心磁図

●電位差計測（心電図）

ＥＣＧ：Electrocardiogram

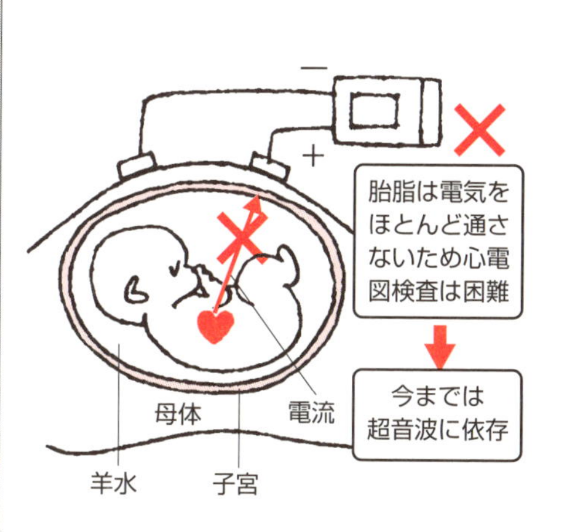

●磁場計測（心磁図）

ＭＣＧ：Magnetocardiography

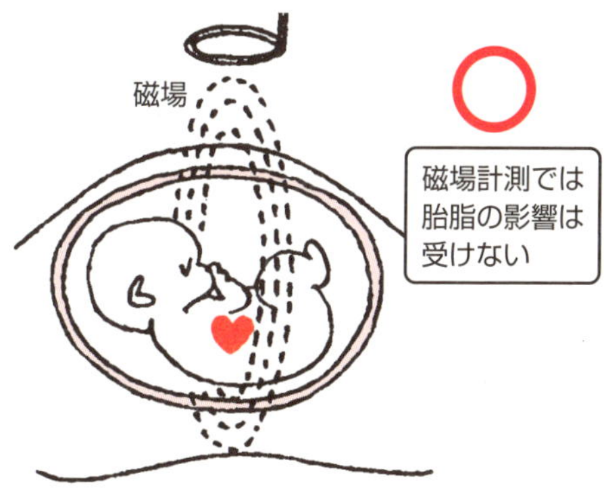

55 脳の磁場信号とは？

脳電図と脳磁図

人の脳からも弱い電気と磁気が発生しています。脳での多数の神経細胞が発している活動電位の変化を測定するのが「脳波計」です。頭皮上に装着した電極で、頭蓋骨を通して得られた信号を統合すると、数十マイクロボルト（数ボルトの十万分の1）のごく微弱な起電力が観測されます。これを増幅して、脳波または「脳電図（EEG）」が得られます（上図）。

脳波には自発脳波と誘発脳波があります。安静時の神経活動に同期して発生する脳波は自発脳波です。1秒に10回ほどの山と谷がある波であり、「アルファ波（ベルガー波）」と呼ばれています。リラックスできる音楽を「アルファ波が出る音楽」と形容する場合がありますが、この場合に発生する磁場の強さは心磁界の百分の1の1ピコテスラ（1pT）です。視覚や聴覚などからの外部刺激に対して発生するのが誘発脳波であり、その発生磁場は自発活動の場合のさらに十分の1の100フェムトテスラ（100fT）です。

脳波計では電極をつける必要がありますが、皮膚と頭蓋骨とでは電気抵抗が著しく異なり、その影響のために脳の中の電流の発生源を正しく知ることが困難です。

一方、神経細胞の活動による発生電流により磁場が誘起されるので、その脳磁場の3次元構造を測ることで、発生源を明らかにすることが可能となります。

地球磁場の100億分の1の微小磁場をも測定できる超伝導量子干渉素子（SQUID）と注意深い磁気シールドにより脳からの磁場構造を表す「脳磁図（MEG）」が得られます。近年は、常温のTMR磁気センサによる高分解能な脳磁計の開発に期待が集まっています（下図）。脳磁図はてんかんの診断や脳腫瘍の手術前検査に有用です。てんかんは脳内の神経細胞の一部が異常電気活動を起こすためと考えられていますが、脳磁計によりその場所を明らかにできると期待されています。

要点BOX
- ●脳電図では脳の活動電位を電極で測定
- ●脳磁図では脳の変動磁場をSQUIDで測定
- ●脳磁界は心磁界の百分の1

脳電図(EEG)と脳磁図(MEG)

●脳波計のイメージ図

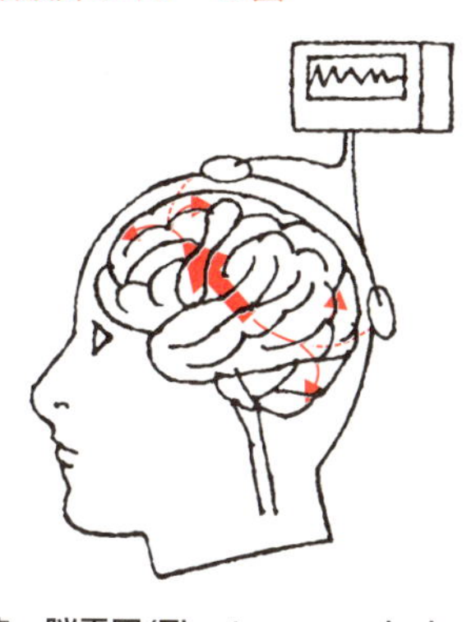

●脳磁計のイメージ図

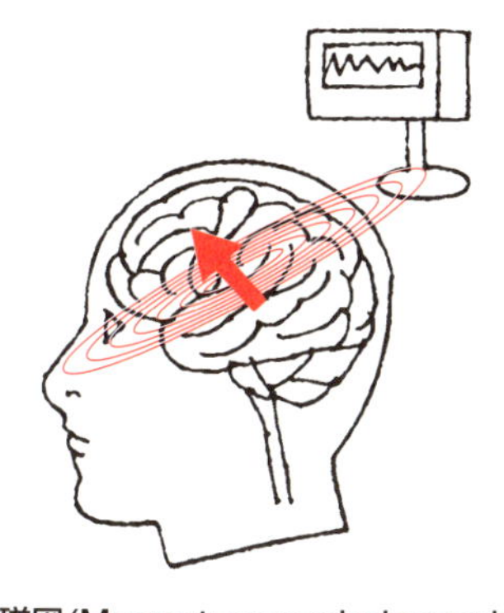

脳波、脳電図(Electroencephalography)

脳の電気活動により生じた２つ電極間の電圧を計測します。

脳磁図(Magnetoencephalography)

脳の電気活動により生じた変動磁場を計測します。

脳磁計と計測素子

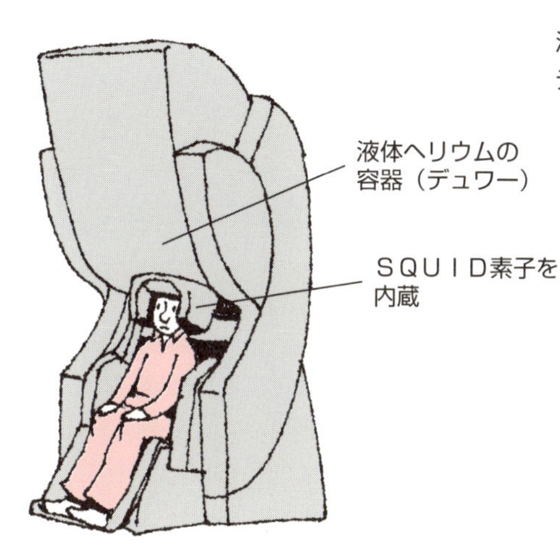

ＳＱＵＩＤ脳磁図(MEG)検査

座ったり横になったりして 頭に検査器具をつけて 10-30分間ほど安静にして計測します。

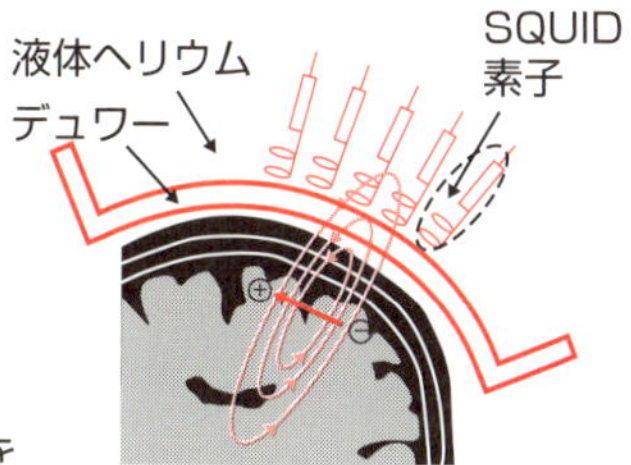

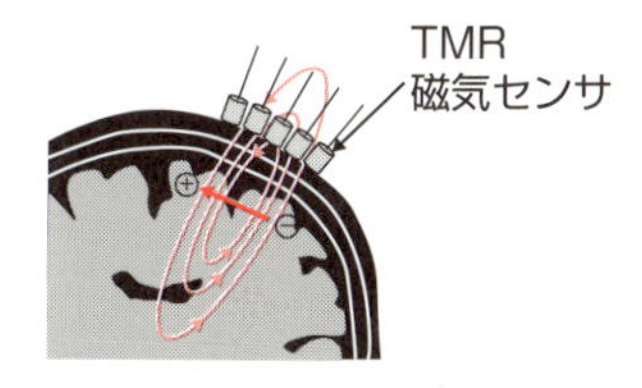

ＳＱＵＩＤ脳磁計では極低温の大型液体ヘリウム容器により空間分解能が低くなりますが、常温のＴＭＲ磁気センサではコンパクトで高分解能が期待されています。

56 SQUIDのしくみは？

ジョセフソン効果

人体の様々な器官から非常に微弱な磁場が発生しています。この体内の磁場変化を精密に測定するのに、超伝導量子干渉計が用いられます。Superconducting Quantum Interference Deviceの頭文字をとってスクイド（SQUID）と呼ばれており、心磁図や脳磁図などで使用されています。

スクイドは「ジョセフソン効果」と呼ばれる量子力学で説明されるトンネル効果を利用したものです（26参照）。薄い絶縁膜を隔てて二つの超伝導体を接触（ジョセフソン接合）させると、量子トンネル効果のために電圧を印加しなくてもこの2つの超伝導体の間に電流が流れます。これは伝導帯にある電子ではなく、もっとエネルギーの低い充満帯にある電子（クーパー対：逆向きのスピンをもつ2個の電子）が膜を隔ててトンネル効果で移動するために起きる現象です。

SQUID（スクイド）は超伝導における磁束の量子化を利用した超高感度な磁気センサであり、フェムトテスラ（10^{-15} T）までの非常に微弱な磁場を検出することができます。SQUIDセンサでは、2つのジョセフソン接合を超伝導ループで結合した構造です（上図）。これは直流SQUIDと呼ばれます。

バイアス電流I_Bを流した場合、超伝導ループに鎖交する磁束Φの大きさにより超伝導電流（ゼロ電圧電流）が変化するので、SQUIDの電流—電圧（I–V）特性に変化が表れます。鎖交磁束Φが磁束量子Φ_0（2.07×10^{-15}Wb）の整数倍（$n\Phi_0$）のときに超伝導電流（ゼロ電圧電流）が最大となり、Φが$(n+1/2)\Phi_0$の時に最小となります。SQUIDに流すバイアス電流を一定にしておくと、出力電圧Vは鎖交磁束Φに対して周期的に変化し、周期は磁束量子Φ_0で与えられます。以上の磁束—電圧（Φ-V）変換特性を利用して高感度な磁気測定が可能となります。脳磁計でのSQUID測定のイメージ図と検出コイルを下図に示します。

要点BOX

- 直流SQUID（スクイド）は2個のジョセフソン接合を利用して一定バイアス電流を流す
- 磁束ー電圧変換での周期は磁束量子

SQUIDの原理

ジョセフソン電流
磁束 Φ
超伝導体
バイアス電流 I_B
ジョセフソン接合
電圧 V

電流 I
$\Phi=n\Phi_0$
$\Phi=(n+1/2)\Phi_0$
I_B
V_{min} V_{max}
電圧 V

電圧 V
磁束量子 Φ_0
V_{max}
V_{min}
0 1 2 3
磁束 Φ/Φ_0

脳磁計SQUIDの例

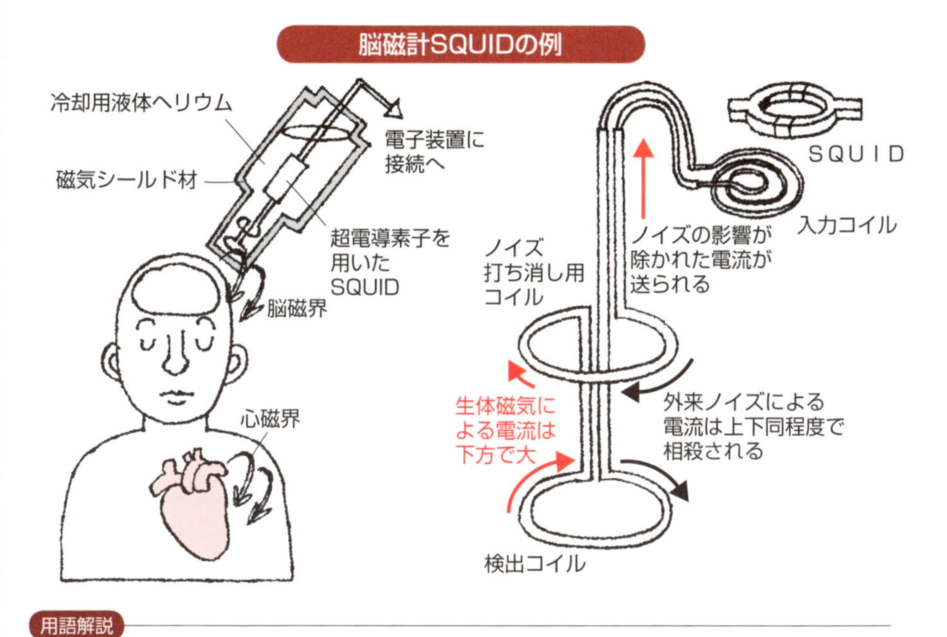

用語解説

SQUID：Superconducting Quantum Interference Device（超伝導量子干渉計）

57 MRI（磁気共鳴画像法）のしくみは？

原子核のスピンとの磁気共鳴

生体に関する診断は、大きく分けて、生理学的働きの機能測定（心電図、脳波など）と解剖学的形状の形態測定（X線撮影など）の2つです。一方、治療については、手術療法、薬物療法、X線療法が進められています。近年はこの診断と治療との強力な連携が進められています。

最先端の医療機器の形態診断の例としてMRI（Magnetic Resonance Imaging：磁気共鳴映像法）があります。人体に磁気を当て画像を撮影する装置であり、体内の水素原子が持つ弱い磁気を、強力な磁場でゆさぶり、原子の状態を画像にします（上図）。例えば、これまで診断が難しかった、脳卒中（脳梗塞、脳出血、クモ膜下出血）のほか、脳腫瘍や脳の小さな病変などの早期発見が可能となっています。

人間の体を構成している細胞には原子核があり、原子核の中には磁石の成分（原子核スピン）があります。磁場の無い自然の状態では、この磁石は色々な方向を向いているので全体としては相殺されてゼロとなります。しかし緩やかな磁場（静磁場）をかけると原子核スピンの向きがある程度そろいます。これにある周波数の電磁高周波（医療関係ではラジオ波）をかけると、原子核スピンはそれに共鳴して静磁場の向きの方向にコマのような運動（歳差運動）を行います（下図）。その周波数（ラーモア周波数）は生体の組織ごとに異なり、かけたラジオ波の大きさに比例します。一般的に10－60メガヘルツの電磁波が使われます。電磁波をかけることを止めると原子核スピンはコマ回し運動をやめて元の状態に戻りますが、この時間（緩和時間）も組織ごとに差があるので、これらを検出することで内部の組織の状態を知ることができます。超伝導コイルによる一様な静磁場とは別に、距離に比例して強さが変わる勾配磁場をかけることで位置情報も得られます。MRI法は水分の多い脳の他に、血管の診断に用いられています。

要点BOX

- ●MRI（磁気共鳴画像）は体内の水素原子の原子核スピンの歳差運動を利用
- ●MRIのラジオ波は10−60メガヘルツ

MRI装置のイメージ図

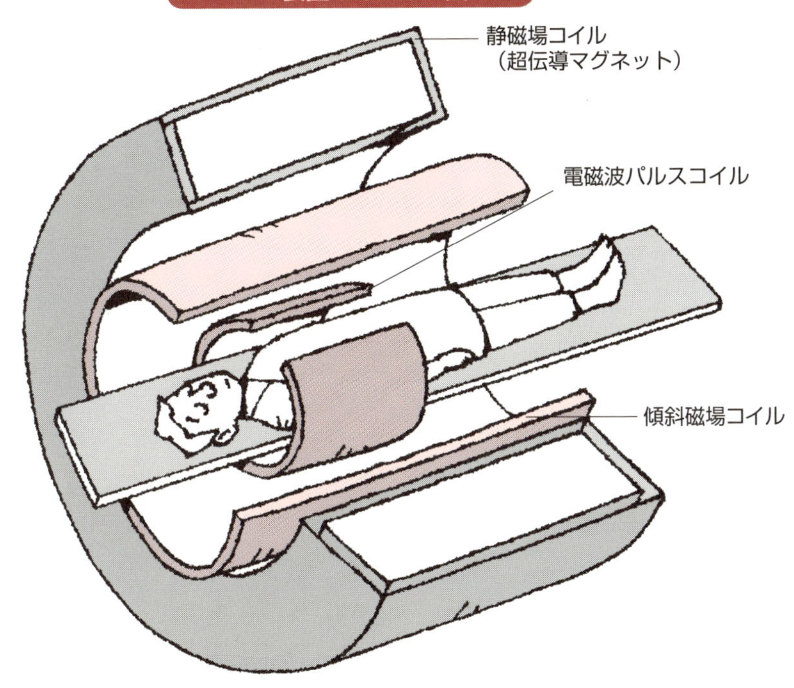

超伝導の静磁場の他に、傾斜磁場を使うことで、人体の横断面以外の画像が得られます。

MRIの仕組み

自然の状態

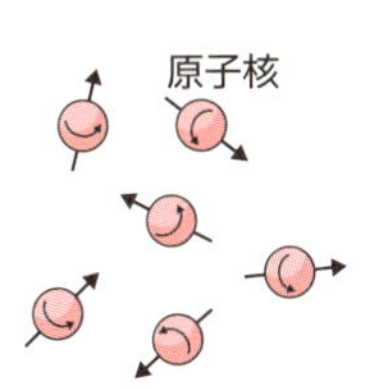

原子の回転の方向も軸もバラバラです

静磁場

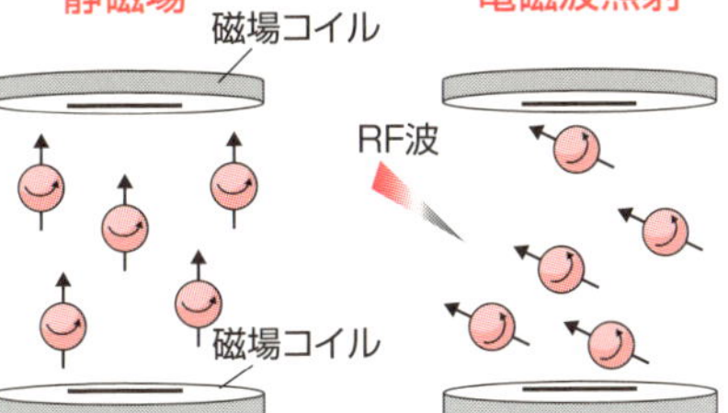

磁場によって方向も軸もほぼ一定となる「歳差運動」をします

電磁波照射

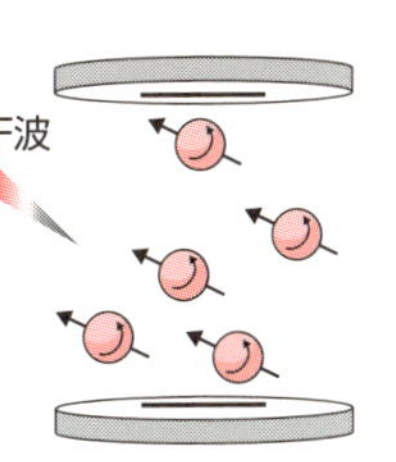

電磁波によって、「歳差運動」下の原子の軸が変わります

電磁波停止 MR信号放出

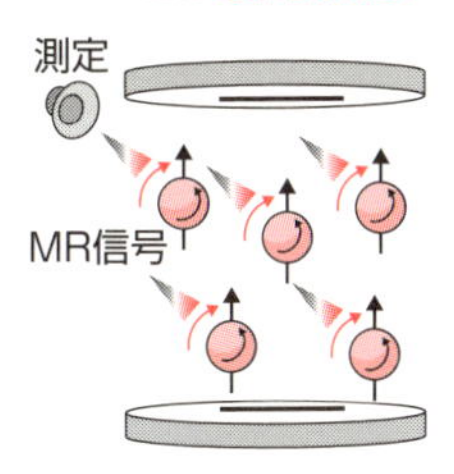

電磁波がなくなることで、共鳴信号を出しながら元の状態に戻ります

用語解説

MRI：Magnetic Resonance Imaging（磁気共鳴映像法）

58 人体に危険な磁場レベルは？

定常磁場と低周波磁場のガイドライン

私たちは太古から地磁場（数十マイクロテスラ）の中で生育してきましたが、近年になって超伝導技術の開発などにより、地球磁場とは比較にならないほど強い磁場を発生、使用することが可能となりました。数テスラの超伝導コイルを利用した磁気浮上列車では、客室内磁場が20ミリテスラ以下になるように磁気遮蔽が設計されていますが、医療用磁気共鳴映像法（MRI）では、患者は数テスラの高磁場を直接受けます。

一般的に、生体にとって高エネルギーの粒子や電磁波は有害であり、電離放射線に関する被曝の許容値は国際放射線防護委員会（ICRP）の勧告で定められています。一方、低周波で低エネルギーの電場や磁場の非電離放射線については、国際非電離放射線防護委員会（ICNIRP）のガイドラインがあります。

この指針では、職業的ばく露と一般公衆ばく露に分けて、磁場のばく露限度値が勧告されています。定常の磁場に関しては、職業人では、頭部および体幹部で磁束密度2テスラであり、両手両足に限定して8Tを超えないとしています。磁場中で運動する場合や変動磁場の場合には、低周波ガイドライン（上図）に定めた基本制限を満たすことで人間の感覚への影響を回避することができると考えられています。一般公衆に関しては、急性ばく露は身体の任意の部分において4百ミリテスラを超えるべきではないとしています。これは職業的ばく露限度値の5分の1としたものです。参考までに、電場のばく露ガイドラインを下図に示します。

磁場の生物学的影響については、多数の細胞研究が実施されていますが、数テスラまでの磁界ばく露で有害な影響を示す確実な証拠はありません。動物研究は、約4テスラまたはそれ以上の磁界では条件回避反応がみられますが、平衡感覚の器官への影響であると考えられています。

要点BOX
- ●磁場ばく露のICNIRPガイドライン
- ●職業人は定常磁場の限度値は2T〜8T
- ●一般公衆の定常磁場の限度値は0.4T

磁場と電場のばく露ガイドライン

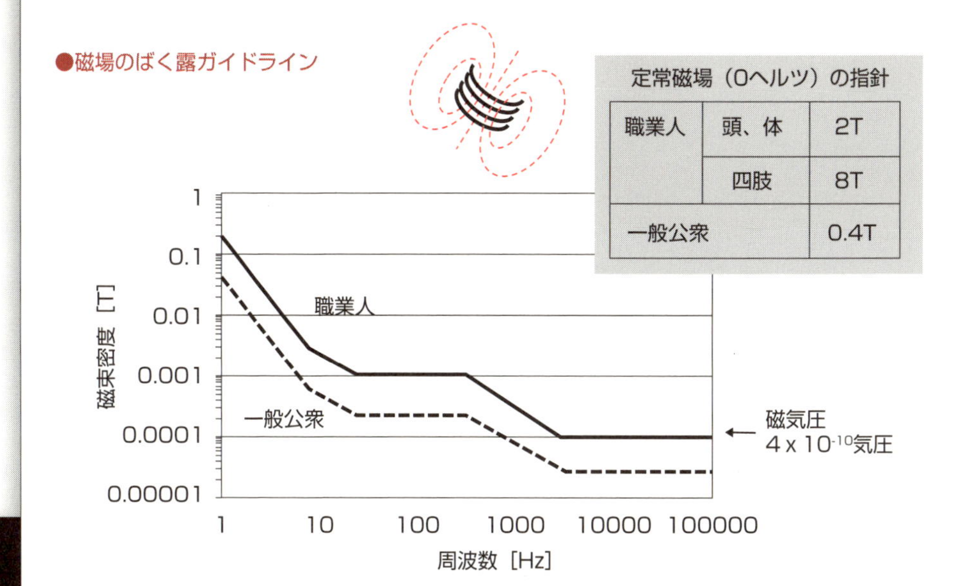

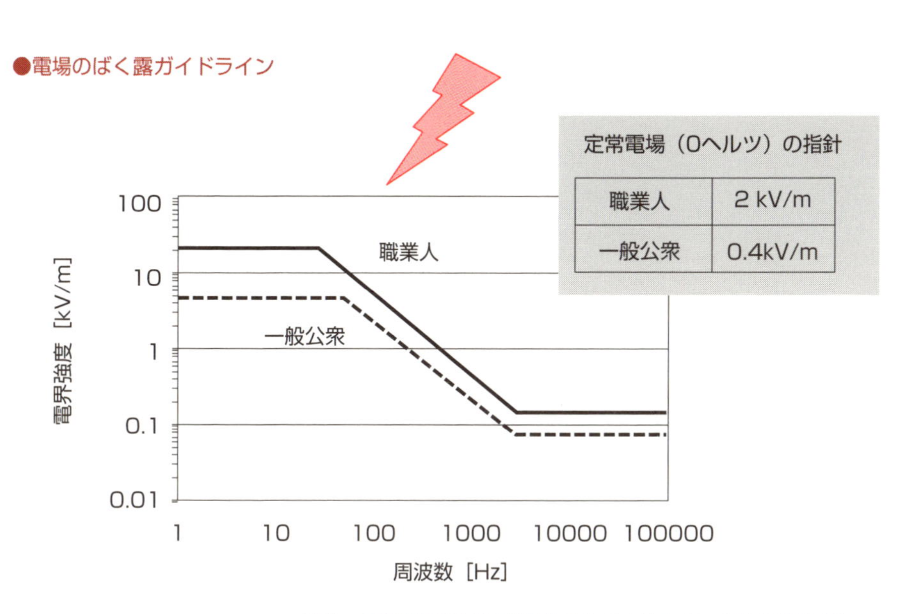

出典：国際非電離放射線防護委員会ガイドライン（ICNIRP2010）

Column

脳磁の謎を探る？
映画「リアル～完全なる首長竜の日～」

１８１８年のメアリー・シェリー原作の小説「フランケンシュタイン、あるいは現代のプロメテウス」は、雷の電流を流して、つなぎわせた死体を蘇生させる物語です。メアリーは当時19才で詩人シェリーと駆け落ちの途中であり、友人バイロン卿の別荘で小説を作っています。最初の映画化（無声）は１９１０年です。

現代では、脳や筋肉の活動により、細胞レベルで電位が発生し、生体電流と生体磁場が誘起されています（51参照）。

映画「リアル～完全なる首長竜の日～」は、最新脳外科医療技術としてのセンシングにより自殺未遂で昏睡状態の恋人の意識の中に入り込む物語です。他人の潜在意識の中に入り込むのは映画「インセプション」（２０１０年、監督：クリストファー・ノーラン、主演：レオナルド・ディカプリオ）にも通じるストーリーです。

映画「リアル」では、センシングが物語の進展に需要な役割を果たしています。脳のセンシングには超微弱な脳磁気（１００フェムトテスラ）の計測（55参照）が想定されます。現在の極低温での超伝導量子干渉計システムに代わって、将来的には常温で非常にコンパクトなセンサの利用の可能性が考えられ、相手の生体磁場に働きかけて、潜在意識に入り込む可能性が空想されています。

通常の磁気治療器では、生体磁場に比べてはるかに強い磁場（数十～数百ミリテスラ）を持つ磁石が用いられています。磁力により血行が良くなり、神経にも作用して頭痛が良くなったとの効用が聞かれます。一方で、科学的には全く治療効果がなくて、効くと思い込むその心理的効果が身体的な改善に効くというプラセボ効果（偽薬効果）であるとの指摘もあります。

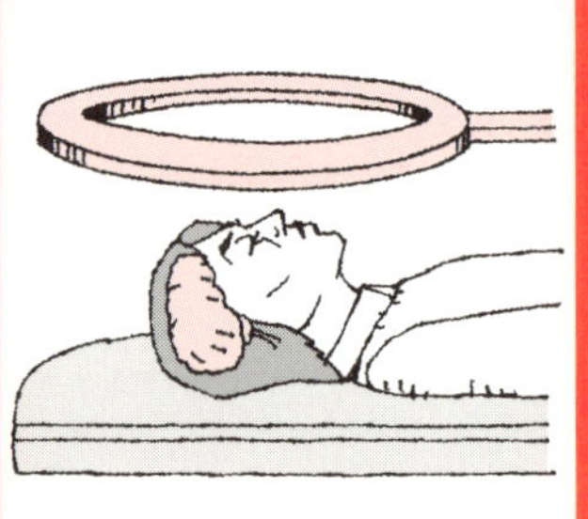

脳磁気センシングから潜在意識を読む(?!)

「リアル～完全なる首長竜の日～」
原作:乾緑郎(2011年)
監督:黒沢清
主演:佐藤健
　　綾瀬はるか
配給:東宝
公開:2013年6月

第8章
宇宙の驚きの磁力

59 宇宙の磁場と4つの力とは？

重力、電磁力、強い力、弱い力

宇宙では様々な大きさの磁場が生まれています。地球の磁場は数十マイクロテスラ（数百ミリガウス）ですが、この地磁気と大気のおかげで、太陽や宇宙からの放射線から守られてきました。地磁気はオーロラや磁気嵐などの様々な現象に関連しています。磁場のある木星や土星にもオーロラが見られます。太陽の磁場は黒点近くで地磁気の数千倍の百ミリテスラです。一方、大型超伝導コイルで人工的につくられる磁場の強さは数テスラです。医療のMRI、リニア新幹線、電力の核融合やSMESに応用されています。爆発などにより人工的に生成できる最大磁場は千テスラを超えています。宇宙の構造は重力で構成されていますが、星の内部では遥かに強力な磁場が生成されています。中性子星では最大百メガテスラ（100MT）が生成されています。さらに強力な磁場強さで十ギガテスラ（10GT）ほどの中性子星はマグネターと呼ばれており、強力なガンマ線などが宇宙に放出されています。

宇宙にはいろいろな物質があり、物質は基本粒子の間に働く4つの力により構成されています。宇宙での大きなスケールでの力は、ニュートンの林檎で有名な「重力」です。電磁石の作用や原子・分子レベルの化学燃焼に関連する力は、マックスウェルの「電磁力」です。さらに極微の世界である原子核内の核力としては「強い力」が存在し、原子炉等で利用されています。また、「弱い力」は原子核の放射性崩壊の原因をなすものです。

宇宙の様々な物質を大きさと密度で分類すると、下図のような宇宙階層構造が得られます。核力の及ぶ「クォークの階層」、われわれの身の回りの電磁力が主体の「原子の階層」、そして、重力が支配的な「星の階層」の3つの階層から成り立っています。これらの階層は、核力、電磁力、重力の3つの力の性質の相違に起因しています（下図）。

要点BOX
- 地球磁場は数十マイクロテスラ、太陽磁場は百ミリテスラ、中性子星は1億テスラ以上
- 宇宙の階層構造は重力、電磁力、核力から

宇宙と磁場

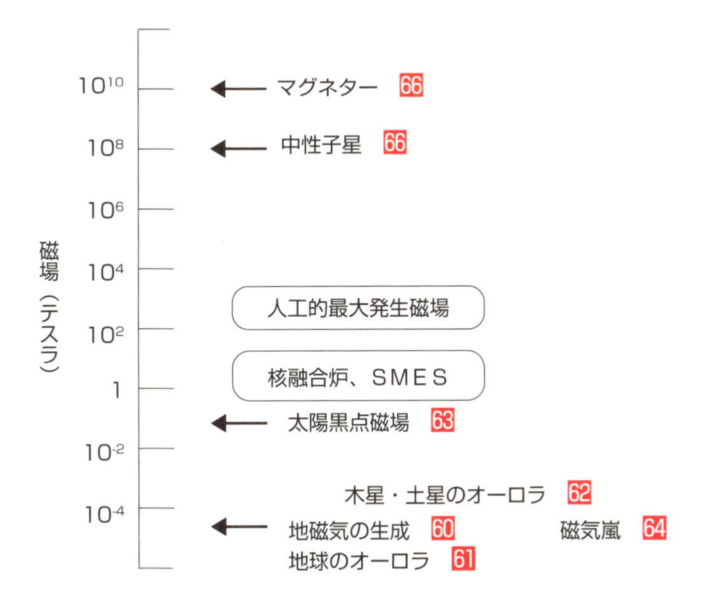

宇宙階層構造と電磁力

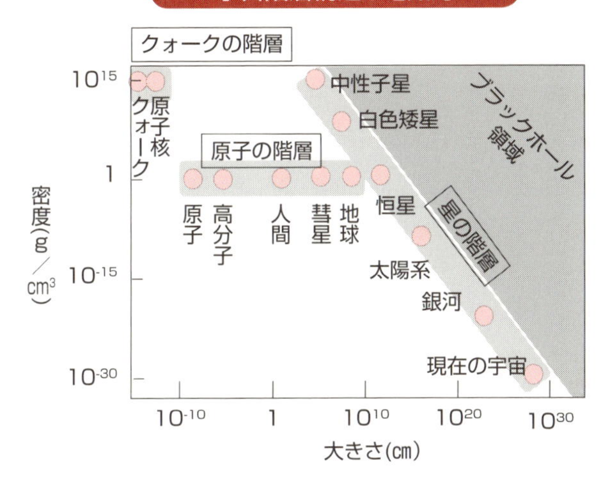

宇宙には4つの力があります。「重力」「電磁力」「強い力（核力）」「弱い力（弱い核力）」です。

60 地磁気の生成と反転のしくみは？

地球ダイナモ理論

地球磁場が大きな球形磁石でできていることを実験的に説明したのはギルバートであり（3参照）、詳細な解析を行ったのは2百年後のガウスでした。この磁場がどのようにしてできるのかを理解するには、地球内部の構造を知る必要があります。

地球は、45億年前に単一の固体に多くの隕石が衝突して重力圧縮を繰り返し中心部分が溶融して、今から22億年前以前に核とマントルが分離したと考えられています。中心部分（核）のうち、内核は固体金属であり、その周りの外核は液体金属です。高温状態の地球内部では永久磁石は存在できず、プラズマ（電磁流体）の回転エネルギーが電磁エネルギーに転換されて、地磁気が維持されています。地球内部の外核でプラズマによる柱状対流が電流を誘起して磁場を発生・維持されていると考えられています（上図）。これはいわゆる、地球ダイナモ（発電機）作用です。これはイギリスの地球物理学者のE・ブラードが1949年に提案した単純な円盤ダイナモに基づいています。

古地磁気学によれば、海底等から隆起する地層の岩石の残留磁気から、その時代の磁場の向きや強さを推定することができます。地球を棒磁石で模擬すると、北極にS極、南極にN極があるのが現在の状態です。この地磁気のN極とS極とが、これまで数十万年間隔で何度となく反転していることが明らかとなってきています（下図）。最も新しい逆転がおこったのは、78万年前です。磁場反転の簡単なモデルは、1958年に地震学者の力武（りきたけ）常次博士が提唱した、2つの円盤をつないだ結合円盤（力武ダイナモ・モデル）です。磁界の向きが正負に反転しながら振動することが示されています。現在では、この地磁気の生成や地磁気反転の地球ダイナモ・モデルは、スーパーコンピュータによる電磁流体シミュレーションにより解明されてきています。

要点BOX
- ●地球ダイナモ作用として、地球の外核での柱状対流が電流を誘起し、地磁気を生成・維持
- ●地磁気のN・S極は数十万年間隔で反転

ダイナモ作用による地球磁場の生成

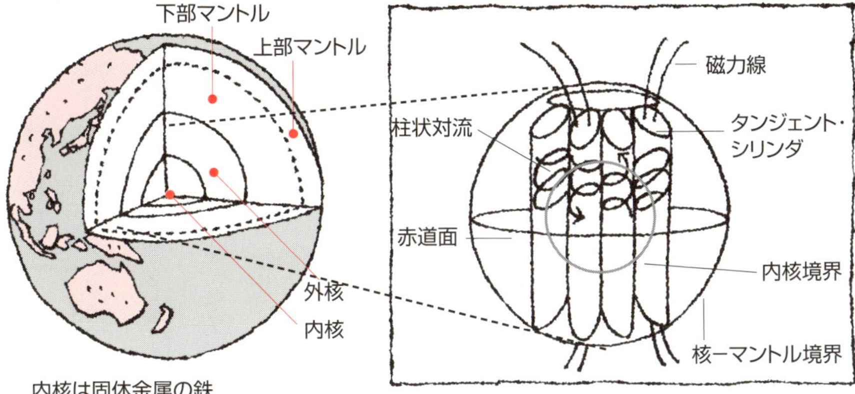

内核は固体金属の鉄
外核は液体金属の電磁流体

外核での柱状のプラズマの回転エネルギーが電流を誘起して磁場エネルギーに転換され、、磁場を生み出しています。

地球磁場の反転

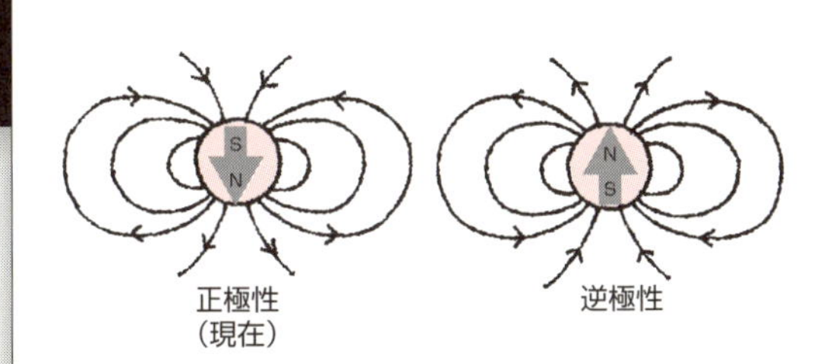

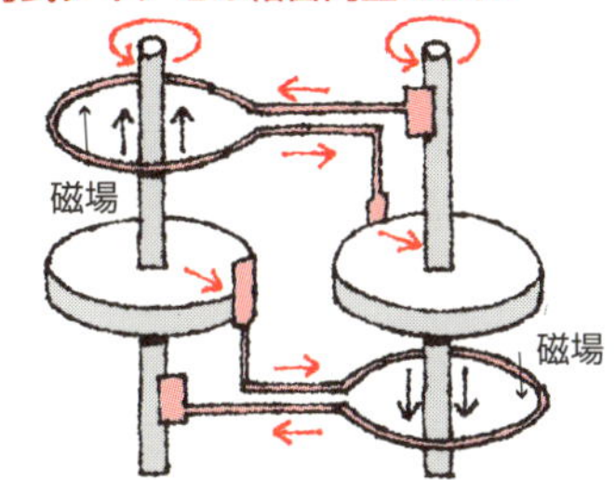

外核の複雑な渦運動を単純化したモデル。左右二つのコイルがつくる磁界は、正になったり負になったりして反転・振動します。

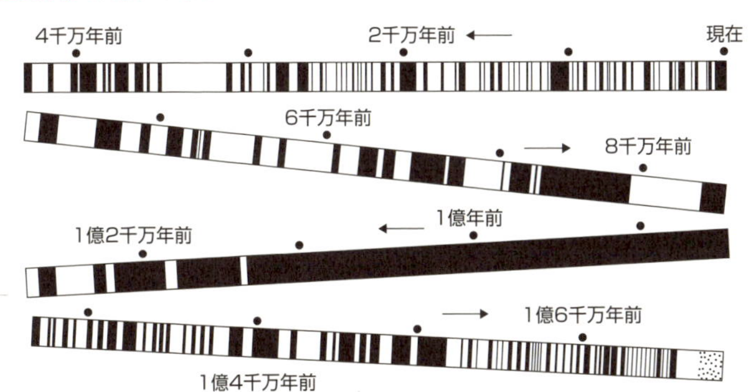

正極性(現在の磁場)を黒、逆極性を白で示した

61 オーロラの謎は？

地磁気と太陽風粒子の作用

オーロラ（極光）は、夜の星ぼしを追い払うローマ神話の夜明けの女神アウロラに由来します。ギリシャ神話ではエーオースと呼ばれ、太陽の神ヘリオスを兄に、月の女神セレーネを姉に持ち、ばら色の肌とブロンド髪の美しい女神とされています。

アリストテレスによれば、オーロラは暗黒の空の裂け目であり、その向こうに炎が見えるのだとされました。日本書紀には、推古天皇の代の620年12月30日に雉の尾のような「赤気」が北の空に見えたと記されています。これがオーロラです。

オーロラは、太陽風としてのプラズマ（高エネルギーの電離した粒子）が地球磁場につかまり、地球表面近くまで到達するときに、大気の分子と衝突して発光する現象です。特に、太陽の活動が活発な時期（極大期）に多く見られます。太陽風により、地磁気の前面は圧縮され、後方の磁力線は長い尾のように伸ばされます。そして前面では、プラズマの流れを伴った太陽磁場と地球磁気圏の磁力線が結合します。後方のプラズマシート領域では、極端に伸ばされたときに上下の磁力線が結合し（「磁気再結合」と呼びます）、ゴムバンドが収縮するようにプラズマ（とくに電子）が加速されます（上図）。加速されたプラズマがオーロラオバール（卵形線）の電離層中の酸素原子や窒素原子、水素原子を光らせることになります。

高度150キロメートルの電離層（E層と呼ばれる）では緑や黄色の発光が観測され、更に高度の高い200から500キロメートルの電離層（F層）では主に赤色の発光となります。北海道では10年に数回の頻度で、日本の中央部では百年に数回観測できると考えられていますが、北海道などの低緯度地域で北の空の遠くに見られるオーロラは、ほとんどが赤色なのです（下図）。オーロラは磁場を伴った太陽風と地球の磁場との相互作用、そして、大気原子と衝突の織りなす自然の美しいカーテンなのです。

要点BOX
- ●オーロラは太陽風と地磁気の織りなすカーテン
- ●プラズマシート領域での磁気再結合によるプラズマ加速がオーロラオバールを作る

地磁気構造とオーロラの発生

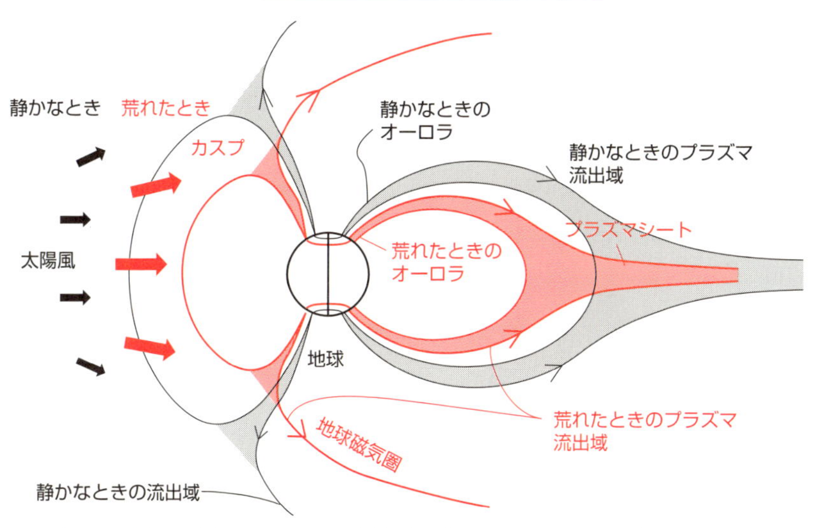

静かな太陽風の場合と荒れた場合（太陽の極大期）とでは、磁気圏の大きさ、カスプ（尖った領域）の位置、プラズマシートの領域などが異なり、荒れた場合にはオーロラオバール（ドーナツ状のオーロラ帯）が低緯度まで広がり、オーロラ観光に適しています。

オーロラ観測の場所と頻度

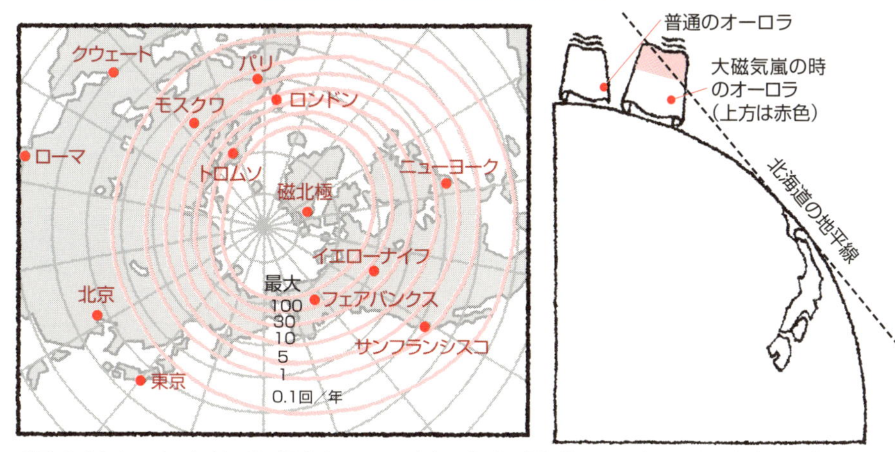

高度３００キロメートルほどで輝くオーロラの赤色の光が、北海道では10年に１度の割合で、北の空に観測できます。

62 地球以外でもオーロラは出現する？

木星、土星のオーロラ

オーロラは地球だけに見られるわけではありません。磁場と大気を持つ惑星ならばオーロラが存在する可能性があります。

ＮＡＳＡのハッブル宇宙望遠鏡は地球上では観測できないいろいろな宇宙の情報を送ってくれますが、紫外線による木星や土星のオーロラ写真が送られてきています(上図)。地球と同様に、南北両極にオーロラが現れるということは、これらの惑星に固有の双極磁場と大気があるということを示唆しています。

太陽系には8個の惑星があり、地球と同様にほとんどの惑星には磁場が存在することが知られています。惑星内部のプラズマの流れによって誘起される電流により磁場が生成・維持されていると考えられています。赤道での磁場は土星では地磁気と同程度ですが、木星では十倍程度です。しかし、水星では百分の1程度で、金星・火星ではさらに低く、千分の1程度のきわめて小さな磁場しかありません。

大気については、木星や土星では地球の百倍以上の大気(水素とヘリウム)の存在が確認されています。金星でも90倍の大気(二酸化炭素)があります。火星には地球の百分の1程度しか大気(二酸化炭素)がありませんし、水星にもほとんどありません。

地球程度以上の磁場や大気が存在する惑星としては木星と土星であり、オーロラはこれらの惑星で観測されていることになます。

太陽からは半径数百メートルの所(終端衝撃波面)まで毎時百万キロメートルの超音速の磁場を伴った太陽風が放出されています。太陽風は減速しながら太陽風速度がゼロとなる太陽圏界面(ヘリオポーズ)まで到達しますが、太陽風と星間ガス風との釣り合いで「太陽圏」を作っています(下図)。無人宇宙探査機ボイジャー1号は、２０１２年にこの太陽圏界面を通過したことが、太陽風内の磁場と恒星風内の磁場のとの違いなどにより確認されています。

- ●オーロラ生成には、太陽風と、惑星の固有磁場と大気が必要
- ●太陽風のおよぶ範囲が「太陽圏」

地球、木星と土星のオーロラ写真

地球　木星　土星

写真提供:NASA

写真には北と南にオーロラ・オバール（リング状のオーロラ）が観測されています。
これらの惑星には、荷電粒子（プラズマ）を極へと導く「磁場」と、荷電粒子との衝突により発光するための「大気」があることがわかります。

磁場を含んだ太陽風の広がり（太陽圏）

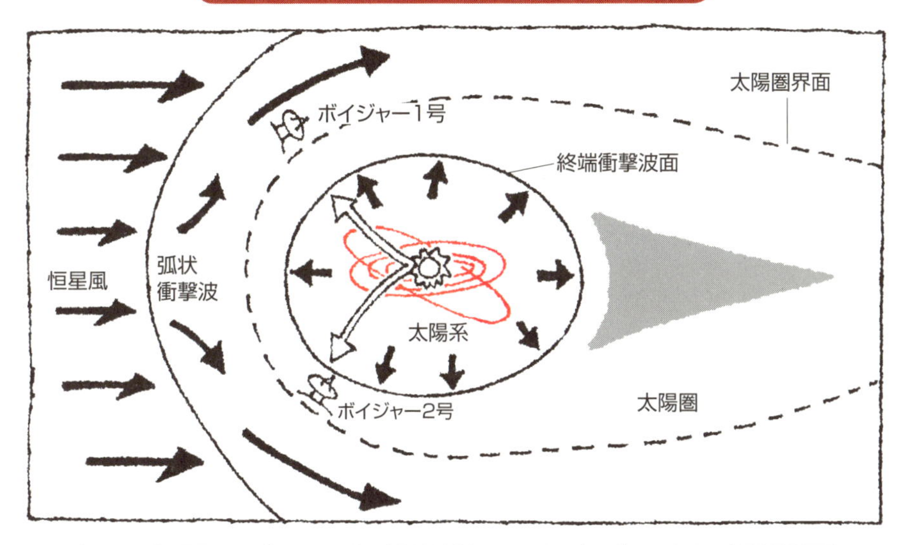

太陽風と恒星風とのバランスから、太陽圏が決まります。ボイジャーはその太陽圏界面（ヘリオポーズ）を越えて航行しています。

63 太陽磁力線は巻きつく？

太陽活動周期は約11年

地球と同じように、太陽にも磁場があることが知られています。太陽磁場は地球磁場と同じように棒磁石の磁場で近似できるはずですが、太陽の場合には超高速の太陽風（プラズマ、高温の電離した粒子の流れ）のために磁力線が放射状に延びています（上図）。水平面近傍には磁場の向きが反平行となる磁気中性面ができています。太陽の回転によりこの磁気中性面はバレリーナのスカートのようにはためいて、地球上では太陽磁場の向きが変化します。

地球磁場の極性は数十万年以上の間隔で不定期に反転しています（60参照）が、太陽では11年という短い周期で、磁場の極性が反転しています。それに伴って、太陽表面の黒点の数も変化しています。

太陽の磁場はダイナモ（発電機）作用で維持されています。これは運動エネルギーが磁場エネルギーに変換される作用であり、太陽内部で磁力線を伴ったプラズマの流れがあること、赤道近くの流れが速く高緯度で遅くて一様な回転ではないこと、が太陽磁場の維持や反転に重要な役割を果たしています。

下図のように、はじめに双極磁場があったとします。中心部分は約27日で1周しますが、極付近では32日で1周しますので、約半年で1周のずれが生じます。プラズマに凍りついた磁力線は3年もすれば6回ほど巻きつくことになりますが、磁力線は伸びや歪に対して反発してほどけ、対流運動で磁力線が浮き上がり、磁気ループができ、黒点を作るようになります。このとき、太陽の回転によるコリオリの力で磁力線がねじれて水平電流が誘起され、後行黒点が極に移動してNSが反転します。この現象は太陽の対流層の基底部の薄い層で起こっており、表面に向かう大規模な対流が回転により変形され、磁力線の浮き上がりや変形に寄与していると考えられます。太陽内部には数十億アンペアの電流が流れており、磁場が維持されているのです。

要点BOX

- 太陽の回転は赤道で速いので、磁力線が巻きつき浮き上がって磁場極性が反転します
- 11年でNS極が反転し、22年で戻ります

太陽風による太陽磁場の変形

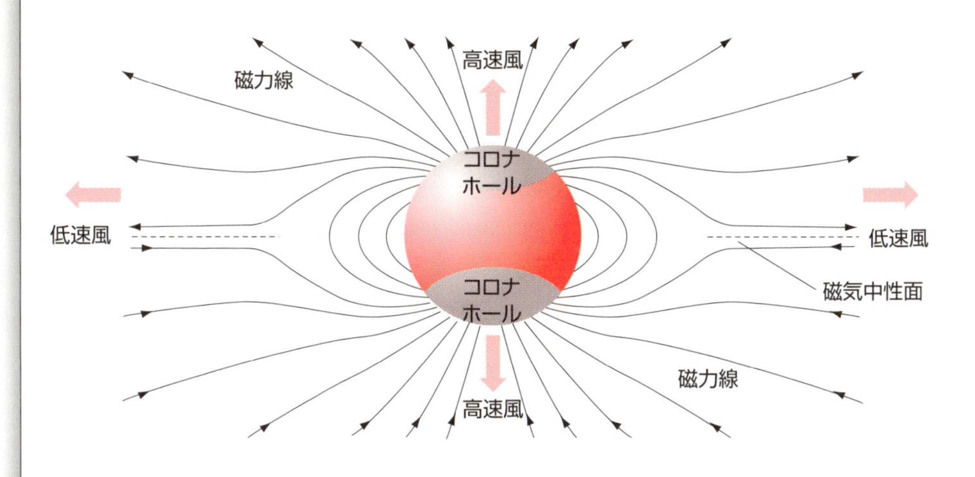

太陽磁場の生成・維持（太陽ダイナモ）

(a)

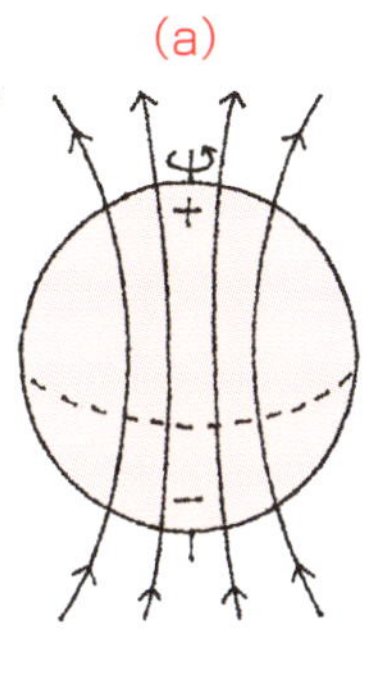

(b)

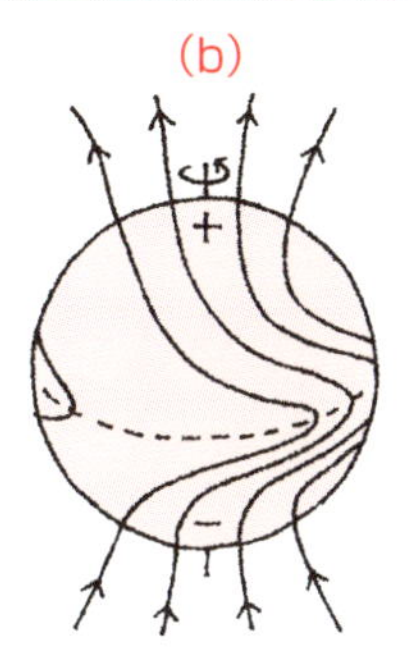

(c)

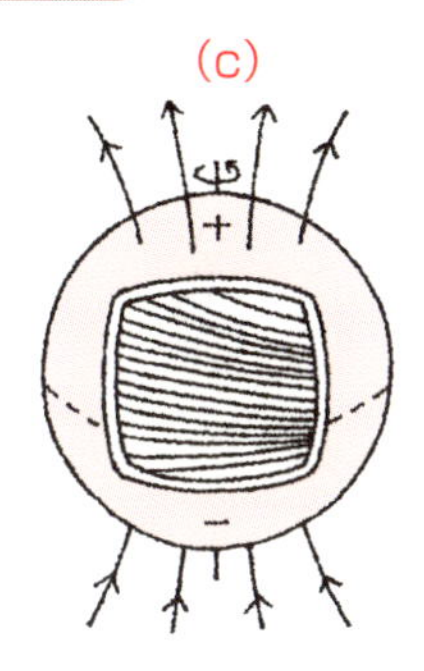

(d)

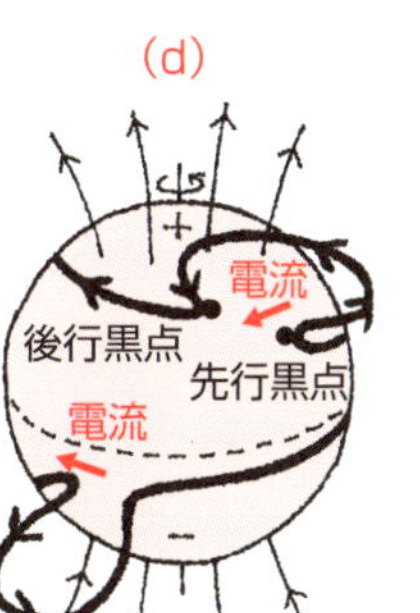

(e)

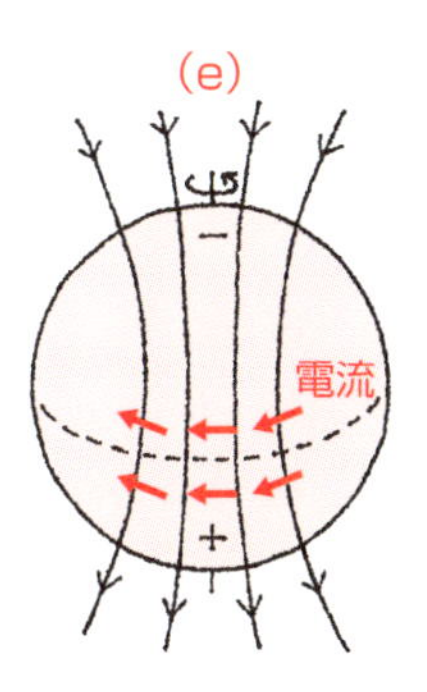

a：太陽サイクルの初期は棒磁石に類似の磁場

b：赤道部の速い回転で磁力線が変形

c：磁力線が強く巻きつき、水平磁場に変形します。

d：磁力線は対流運動で浮き上がって黒点対が生成され、コリオリの力でねじられて水平電流が生成されます。

e：後行黒点の極が残って極性が反転します

64 磁気嵐はなぜ起こる？

太陽面爆発と磁気を伴う太陽風

学生やサラリーマンにとっては、毎朝の天気予報は、学校や会社に行くのに傘を持っていくかどうかの重要な情報です。宇宙でも、天気予報（宇宙天気予報）は非常に大切です。宇宙は真空に近くて、環境の変化がないように思われますが、実際には希薄ながら高エネルギーの粒子や電磁波が飛びまわっており、太陽活動の変化に伴って周りの宇宙空間はもとより、地球の磁気圏、大気圏に多大な影響を及ぼします。

宇宙嵐には、電磁波嵐、高エネルギー粒子嵐、放射線帯電子嵐、地磁気嵐や電離圏嵐などがあります。これらは、太陽面の爆発現象（太陽フレア）やコロナガス大規模噴出現象（ＣＭＥ、Coronal Mass Ejection）などに起因した電磁波、高エネルギー粒子、磁気雲が影響を及ぼしています（上図）。

特に、強い南向きの惑星間空間磁場（下図）を伴った高速の太陽風によって、大量の太陽風エネルギーが磁気圏に流入する場合に、地球磁場が急激に変動する「磁気嵐」が発生します。磁気圏外の磁場が侵入し、地磁気圏が圧縮されて、後ろに伸びた磁場を含んだプラズマシートで磁気再結合が起こり、磁力線に沿ってプラズマが極地方向に流れてオーロラが出現します。磁気嵐はオーロラ観光には好都合ですが、宇宙旅行には高エネルギー粒子嵐により被曝のおそれがあり、宇宙飛行士の健康への影響が懸念されます。地磁気の変動により、電離層の変動が起こり短波通信の障害（デリンジャー現象）や誘導電流による送電システムの障害なども問題となります。大気密度の変動による低軌道衛星の軌道変化も問題であり、それに伴うナビゲーションシステムへの影響も懸念されます。１８５９年９月にはキャリントン・イベントとよばれる歴史上最大の磁気嵐が起こっています。このときは、アメリカ全土で通信系統のトラブルが起こり、ハワイやカリブ海などでもオーロラが観測されたと報告されています。

要点BOX

- ●宇宙天気予報は宇宙飛行や通信障害予報で重要
- ●太陽面爆発（太陽フレア）やコロナガス大規模噴出現象（CME）で、地球で磁気嵐が発生

宇宙嵐の影響

太陽風と磁気圏の構造

（磁場を伴った太陽風と地球磁場との力のつりあい）

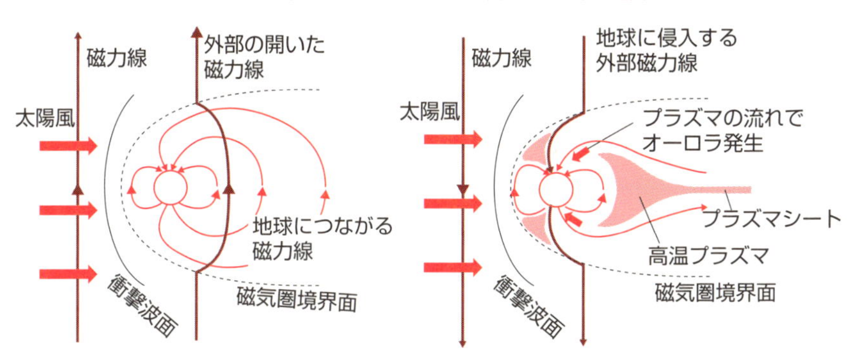

南向きの磁場を伴う強い太陽風が到来した場合に、地球磁場の変動が激しくなり、大規模なオーロラが発生します。

65 超新星爆発と中性子星での磁場は？

パルサーとマグネター

私たちが爆縮法などにより人工的に作れる最大磁場は千テスラほどですが、宇宙にはその十万倍から千万倍の強さの磁場を有する星があります。大質量の恒星が超新星爆発を起こしたときにつくられる「中性子星」です。中性子星は、質量は太陽ほどですが、半径はたったの十キロメートルです。超新星爆発での重力崩壊時に電子が原子核に吸収されて中性子の芯ができたものです。

中性子星は宇宙で最も高密度な天体であり、そのほとんどが中性子で構成されており、強い磁場を持っています。磁気軸の上下方向からは強いガンマ線が放出されていますが、磁気軸と回転軸が傾いているので、地球から見ると、パルス的なガンマ線が観測されます（下左図）。この中性子星を「パルサー」と呼びます。この超高エネルギーのガンマ線放射は、ほぼ光速の電子・陽電子の流れに由来するものです。

鎌倉時代の藤原定家による「明月記」には、1054年に客星（超新星）が現れたことが記されています。この爆発の残骸は、牡牛座にあるカニ星雲に相当していて、中心にはパルサーが存在します。パルサー構造は可視光では観測できませんが、X線観測衛星で確認できます（上図）。

標準的な中性子星の磁場は100MT（10^8テスラ）であり、回転エネルギーや連星系での質量降着のエネルギーを消費してガンマ線を放射しますが、磁場が強くて（10GT（10^{10}テスラ）以上）その磁場をエネルギー源とするパルサーは、「マグネター」と呼ばれています。マグネターの磁場構造の概念を下図に示します。中性子星内部のリング状電流により双極磁場成分が作られますが、同時にリング電流に巻き付くような電流によりトロイダル（環状）磁場が生成されています。

これらの磁場エネルギーがパルサーの活動に重要な役割を果たしています。

要点BOX

- ●中性子星の磁場はおよそ10^8テスラ
- ●マグネターの磁場はおよそ10^{10}テスラで、磁場エネルギー消費によりガンマ線を放射

カニ星雲の可視光とX線画像

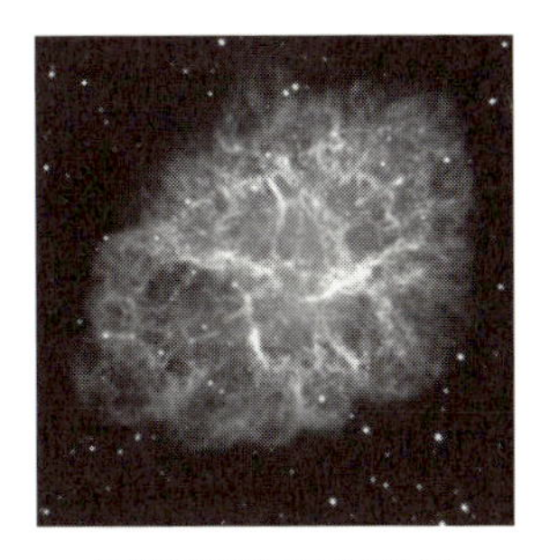
可視光（パロマ天文台）

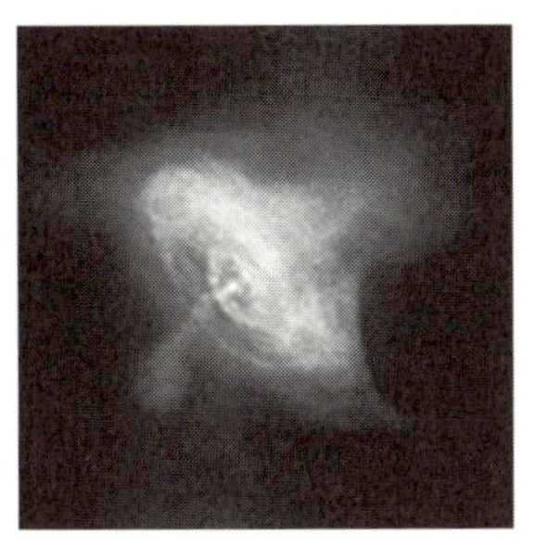
X線（衛星チャンドラ）

カニ星雲は、1054年に観測された超新星爆発の残骸であり、地球から6千光年の場所にあります。

超新星爆発の残骸の中心には高速で回転する中性子星（パルサー）があることが、可視光では見えませんがX線画像で確認できます。

写真提供:NASA

パルサー、マグネターの磁場の模式図

●パルサーの磁場構造

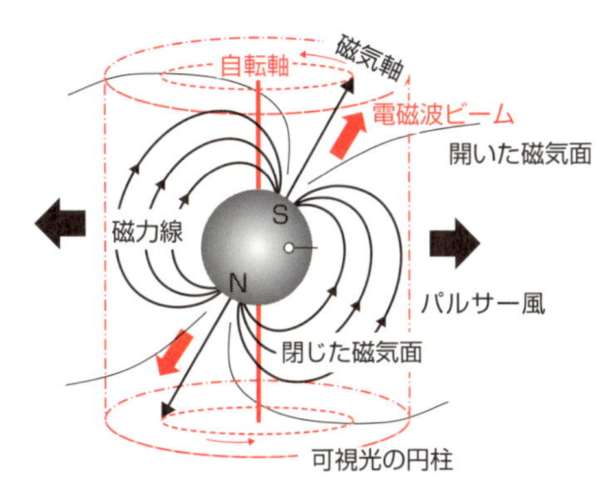

中央には、強磁場の中性子星があります。電磁波ビームは、電波、X線、あるいは、ガンマ線です。パルサー風は電子、陽電子の流れです。
磁気軸と自転軸とが異なる場合、周期的な電磁波パルサーが観測されます。

●マグネターの内部磁場構造

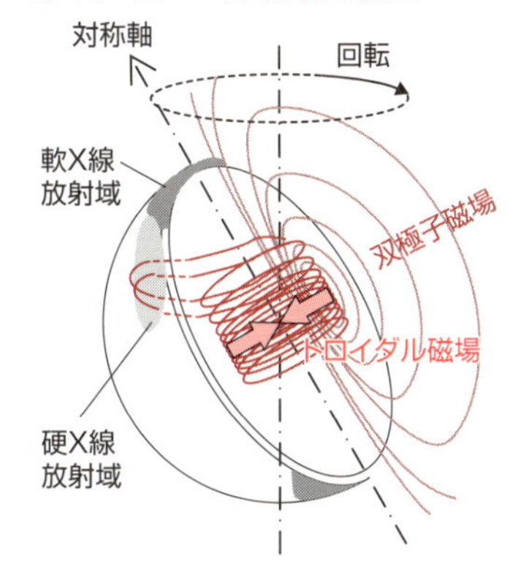

外部に出る双極子磁場と内部に隠れているトロイダル（環状）磁場との合成の磁場が作られています。トロイダル磁場は中心力（図中の矢印）を及ぼし、双極子磁場により外向きの力がかかります。
軟X線放射域や硬X線放射域は、磁場構造により決定されています。

66 モノポールは宇宙解明の鍵？

大統一理論での陽子崩壊

磁石には必ずN極とS極との磁荷があり、コイル巻線でも、N極とS極との双極の磁場しか生成できません。磁気的にN極だけ、あるいはS極だけの粒子を「モノポール（磁気単極子）」と呼びますが、電荷とその流れの電気電流があるように、単極で存在する磁荷と磁荷電流とを考えることで対称性の良い電磁気の方程式が得られます。1931年にディラックにより提案された理論仮説であり、非常に細くて長いソレノイドを考えた時にN極だけの磁場ができます。これがディラックのモノポールの概念です。

宇宙の4つの力は宇宙誕生時には1つであったと考えられ、電磁力と弱い力との電弱力と強い力を含めた「大統一理論（GUT）」も作られてきました（上図）。現在のインフレーション宇宙論では、モノポールは「真空の相転移」の際に生じた欠損として、ビッグバンによる宇宙生成の直後につくられたと仮定されており、非常に重く、陽子の10^{16}倍程度の質量をもつと想定されています。

相転移の例として、温度が下がって水が凍って氷になる場合を考えてみましょう。その場合には、均一に状態が変化するわけではなくて、気泡が残ったり、ひびが入ったりすることがあります。モノポールはそのような欠損に相当すると考えられています（下図）。GUTでは、非常に安定な陽子（寿命10^{34}年以上）がパイ中間子と陽電子とに「陽子崩壊」する際に、モノポールが触媒作用をすると考えられています。モノポールは、中心に仮想粒子としてのXボソンがあり、電弱力に関する粒子とフェルミと反フェルミ粒子の対となった凝縮粒子などでできた粒子であり、外側には点状の単極磁場ができていると考えられています。天体物理学でも、暗黒物質の仮想粒子の一つとしてモノポールも議論されてきています。モノポールの探索は宇宙生成の謎解きの鍵のひとつとなっています。

要点BOX
- ●磁気単極子（モノポール）はディラックの提案
- ●宇宙のインフレーションの際の位相欠陥
- ●大統一理論での陽子崩壊での触媒作用

宇宙の膨張と力の分岐

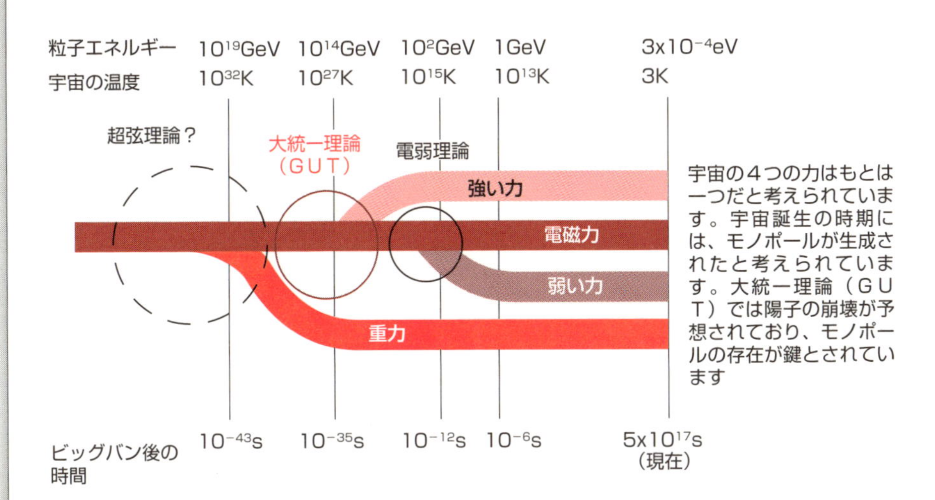

モノポールのイメージ図

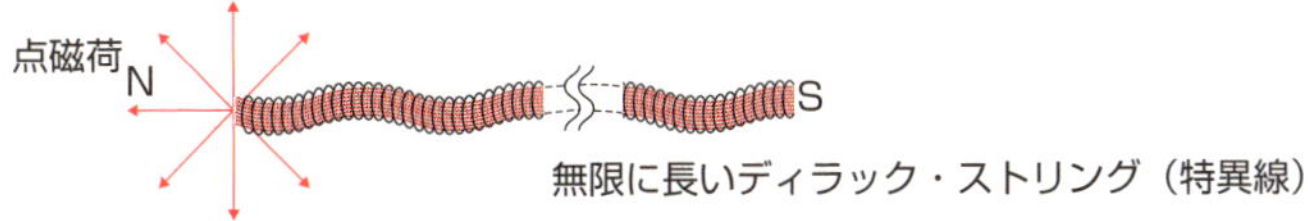

●宇宙の相転移での位相欠陥

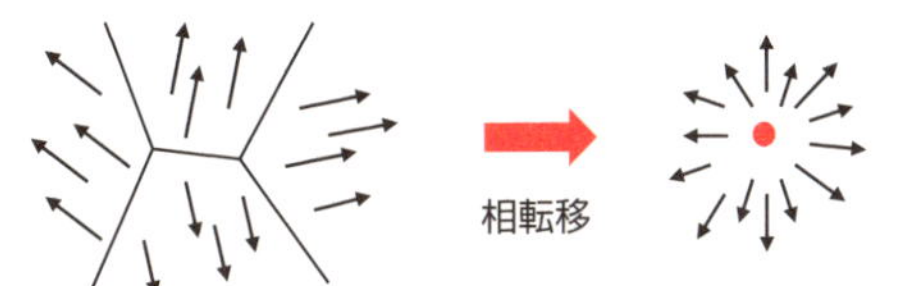

●GUT（大統一理論）でのモノポール構造

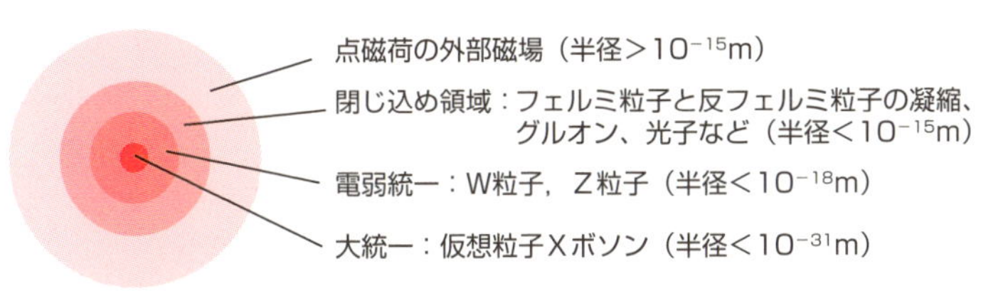

モノポールを触媒として陽子崩壊が起こる（ルバコフ効果）と考えられています

Column

磁気嵐とタイムトラベル？
映画「オーロラの彼方に」

自然災害をテーマとしたさまざまなディザスター・パニック映画があります。巨大竜巻の「ツイスター」「イントゥ・ザ・ストーム」、火山爆発の「ボルケーノ」「ダンテズ・ピーク」「MAGMA マグマ」、地殻変動の「日本沈没」「2012」「カリフォルニア・ダウン」、小惑星衝突の「アルマゲドン」「ディープ・インパクト」、太陽減衰の「サンシャイン2057」、そして、太陽フレアの「ソーラー・ストライク」「ノウイング」などです。

太陽フレア（表面爆発）では、強力な太陽風が地球に押し寄せ、地磁気を変形させ、磁気嵐（64参照）が起こり、オーロラ（61参照）が頻繁に発生します。

米国SF映画「オーロラの彼方に」もそのひとつで、ニューヨークでオーロラが見えた夕方に、主人公が古い通信機を見つけ、30年前の父親と通信することから物語が発展します。

映画のなかでのタイムトラベルはオーロラを発生させる宇宙の異常現象が原因だとしています。「太陽フレアによって強力な磁場が作りあげられ、その磁場が時空に裂け目を作り、1966年の宇宙と1999年の宇宙を結ぶトンネルができ、そこを両宇宙から発せられた無線の電波が通りぬける現象だ」としています。

この映画のタイムトラベルとパラレル・ユニバースに関しては、ベストセラー「エレガントな宇宙／超ひも理論がすべてを解明する」の著者でもあるコロンビア大学のブライアン・グリーン教授がコンサルタントしています。

過去に戻って歴史を変えることができるかは、1895年のH・G・ウェルズのSF長編小説「タイムマシン」（最初の映画化は1960年、監督ジョージ・パル）以来の永遠のテーマなのです。

太陽フレアに伴う
磁気嵐による
オーロラの出現と
タイムトラベル(?!)

「オーロラの彼方に」
原題:Frequency(頻発)
製作:アメリカ
監督:グレゴリー・ホブリット
主演:ジェームズ・カヴィーゼル、
デニス・クエイド
配給:ギャガ・ヒューマックス
公開:2000年12月

【参考文献】

●参考図書

トコトンやさしい電気の本（第2版）　山﨑耕造著　（2018年、日刊工業新聞社）

トコトンやさしい磁石の本　山川正光著　（2001年、日刊工業新聞社）

マグネットワールド　吉岡安之著　（1998年、日刊工業新聞社）

おもしろサイエンス　磁力の科学　久保田博南・五日市哲雄著　（2014年、日刊工業新聞社）

楽しみながら学ぶ電磁気学入門　山﨑耕造著　（2017年、共立出版）

●参考ホームページ

TDK　じしゃく忍法帖　https://www.tdk.co.jp/techmag/

タ

ハ

マ

ヤ

ラ

索引

今日からモノ知りシリーズ
トコトンやさしい
磁力の本
NDC 427.8

2019年 3月22日 初版1刷発行

発行者　井水治博
発行所　日刊工業新聞社
東京都中央区日本橋小網町14-1
（郵便番号103-8548）
電話　編集部　03(5644)7490
販売部　03(5644)7410
FAX　03(5644)7400
振替口座　00190-2-186076
URL　http://pub.nikkan.co.jp/
e-mail　info@media.nikkan.co.jp
印刷・製本　新日本印刷(株)

●DESIGN STAFF
AD――――――志岐滋行
表紙イラスト――――黒崎　玄
本文イラスト――――小島サエキチ
ブック・デザイン ――大山陽子
（志岐デザイン事務所）

●
落丁・乱丁本はお取り替えいたします。
2019 Printed in Japan
ISBN　978-4-526-07963-4　C3034

●著者略歴

山﨑　耕造（やまざき・こうぞう）

1949年　富山県生まれ。
1972年　東京大学工学部卒業。
1977年　東京大学大学院工学系研究科博士課程修了・工学博士。
名古屋大学プラズマ研究所助手・助教授、核融合科学研究所助教授・教授を経て、2005年4月より名古屋大学大学院工学研究科エネルギー理工学専攻教授。その間、1979年より約2年間、米国プリンストン大学プラズマ物理研究所客員研究員、1992年より3年間、(旧)文部省国際学術局学術調査官。2013年3月 名古屋大学定年退職。

現在　名古屋大学名誉教授、
自然科学研究機構核融合科学研究所名誉教授、
総合研究大学院大学名誉教授。

●主な著書
「トコトンやさしいプラズマの本」、「トコトンやさしい太陽の本」、「トコトンやさしい太陽エネルギー発電の本」、「トコトンやさしいエネルギーの本　第2版」、「トコトンやさしい宇宙線と素粒子の本」、「トコトンやさしい電気の本　第2版」(以上、日刊工業新聞社)、「エネルギーと環境の科学」、「楽しみながら学ぶ物理入門」、「楽しみながら学ぶ電磁気学入門」(以上、共立出版)など。